李营华 编著

难以揭开的
地球秘密

Earth

河北出版传媒集团
河北科学技术出版社

图书在版编目（CIP）数据

难以揭开的地球秘密 / 李营华编著 . — 石家庄 : 河北
科学技术出版社 , 2012.11（2024.1 重印）

（青少年科学探索之旅）

ISBN 978-7-5375-5547-0

Ⅰ.①难… Ⅱ.①李… Ⅲ.①地球－青年读物②地球
－少年读物 Ⅳ.① P183-49

中国版本图书馆 CIP 数据核字 (2012) 第 274590 号

难以揭开的地球秘密

李营华　编著

出版发行	河北出版传媒集团　河北科学技术出版社	
地　址	石家庄市友谊北大街 330 号（邮编：050061）	
印　刷	文畅阁印刷有限公司	
开　本	700×1000　1/16	
印　张	12	
字　数	130000	
版　次	2013 年 1 月第 1 版	
印　次	2024 年 1 月第 4 次印刷	
定　价	36.00 元	

如发现印、装质量问题，影响阅读，请与印刷厂联系调换。

前　言

在千变万化的陆地下，在浩瀚深邃的海洋里，在我们脚下的地球深处，隐藏着无数的奥秘。陆地海洋，沧海桑田，多彩的地貌，名山大川，火山地震，山崩地陷，奇珍异宝，石油煤炭……所有这些，当我们的祖先还处于原始蒙昧状态的时候，就试图解开这些谜团。从中国古代的"盘古开天辟地"，到西方的"上帝创造万物"；从魏格纳的大陆漂移假说，到大陆板块理论的形成，无不闪烁着人类探索自然奥秘的智慧光芒。

尽管随着文明的进步和科学的发展，人类对自己世代赖以生存的地球上的诸多奥秘，已经有了很多的认识。但是，在人类的目光早已远及银河系之外的今天，我们对自己脚下这不过几千千米的地表下面，甚至区区几十千米的地壳内所发生的事情却一筹莫展，至今仍有许多未解之谜困扰着我们，在这方面我们人类还有很多事情要做。

如果说古代的人们探索地球奥秘，更多的是出于对自然的迷惑、崇拜和好奇的话，今天的人们探索地球的秘密，则是为了更好地开发和利用地球 —— 这个人类共同的，也是唯一的家园。

地震、火山、海啸等这些地球灾害至今仍然威胁着人们的生活。但是，对这些灾害，人们还无法控制，甚至还没有完全弄清它们发生的原因；石油、煤炭、天然气这些现代人类生活一刻也离不开的能源，在不远的将来都面临着枯竭，但是，目前人们还没有找到能够完全替代它们的新能源；矿藏是现代人类社会生产不可或缺的原料，但是目前许多矿产已经达到了枯竭的边缘，寻找新的替代资源已经刻不容缓。

所有这些问题，都有待于通过对地球秘密的深入探索、研究来解决。因此，今天探索和揭开地球的一个个秘密，比人类历史上的任何时候都更加迫切和必要。

人类的发展史告诉我们，只有锲而不舍地探索才能揭开自然之谜。青少年朋友是未来的探索者，是拉开新世纪大幕的一代。让我们为揭开更多的地球之谜，为建设更加美好的家园，去探索地球科学的奥秘吧！

李营华

2012年10月于石家庄

目　录

五 "精雕细琢"的地球

一、寻找解剖地球的"手术刀"

● 难以揭开的地球"幕布"

中国有句俗语，叫作"不知天高地厚"。但是，随着现代科学技术的发展，人类在宇宙空间中的视野迅速扩大，借助宇宙探测器和现代化的天文望远镜，人们可以对月亮、太阳甚至距离我们几百万光年的恒星和其他天体进行观测研究，掌握它们的变化规律。"天高"的问题似乎已经比较容易回答了。但是，"地厚"的问题就不那么简单了。与无边无际的茫茫宇宙相比，我们的地球太微不足道了，它的半径只有区区6371千米。但是，就是这区区几千千米，却如同一层厚厚的"幕布"，掩盖了地球深处的许多秘密，至今仍没有被完全揭开。科学家们可以研究几百万光年之外的星球，但是对脚下这个世代居住的地球，连十几千米之下是什么样子至今也没有直接看到过，那里仍然是一个神秘的黑暗世界。

地下深处至今还没有人能看到过，对这个阴暗的世界，人们一直充满了神秘感，产生了许许多多稀奇古怪的想法。

过去一些相信鬼神的人，说地下是"阴曹地府"，是"阎王爷"统辖的地方，这里有十八层阴森恐怖的"地狱"，还有刀山、火海、油锅等各种刑具。人在活着的时候如果干了坏事，不仅要受到惩罚，还会被打入地狱的最底层，永世不得翻身。这些当然都是迷信，今天已经很少有人相信了。与迷信的人编造的"阴曹地府"正好相反，在100多年前，美国有一个自封为"科学家"的人，名叫西姆斯。他把地下世界编造成了一个更为离奇的世界，成为100多年来人们的笑谈。这位西姆斯说：地球里面是空的，空间十分广阔，没有狂风暴雨，没有酷暑严寒，气候四季如春，简直就是人间天堂，非常适合人们去"安家落户"。他还神秘地告诉人们，通往地下的大门一共有两个，一个在南极，一个在北极。当时还真有人相信西姆斯的胡编滥造。美国一些想到地下发财的冒险家，受西姆斯的蒙骗，真的组织了一支探险

真的有十八层地狱吗？

至今仍有许多的地球奥秘没有被揭开

队，坐船到南极去寻找所谓的"入地之门"。结果当然是"竹篮子打水一场空"。探险队白白在南极的严寒中受了一场冻，什么"门"也没找到，只好失望地离开了冰天雪地的南极。

西姆斯根本就不是什么科学家，他的"地球空心论"纯粹是没有任何根据的胡编滥造。与此同时，在100多年前，一些专门研究地球的科学家，为了揭开神秘的"地球幕布"，也根据一些观察到的现象，对地球深处的情况做了种种推测。有的科学家认为：地下全是处于高温下熔化了的又黏又稠的石头"浆子"，即岩浆，火山喷发就是地下岩浆涌出来的结果。有的科学家认为，地下的温度很高，什么东西在这样高的温度下，也会变成气体。所以，地下是一团高温、高压的浓厚气体。还有的人认为，地下的温度虽然很高，但地下的压力更大，要比地表上大多了。在这样大的压力下，任何东西都会变成硬邦邦的固体。所以，地下的东西，既不可能是液体，也不可能是气体，而应该是坚硬的固体。

这些科学家的说法都有一定的道理，但是，到底哪种说法对呢？因为谁也没有直接看到过地下的真实情况，所以很难断定谁是谁非。因此，在很长的时间里，对人们来讲，地下一直是一个神秘的"幕布"掩盖下的"漆黑"的世界。

要想弄清地下的情况，最好的办法当然是亲自到地下看看。但是，怎样才能"钻"到地下去呢？科学家们为此想了许多办法。

也许你已经开始想这个问题了：到地下去没有什么难的

啊！挖个洞不就进去了吗？但是，问题可没有那么简单。

人们的确在地球上挖过不少洞。采矿工人为了把地下的矿石拿上来，就必须挖很深的洞。到目前为止，人类在地球上挖的最深的洞是南非的卡尔顿金矿的采矿坑道。这个坑道一直挖到地下3840多米。在这么深的地下，温度很高，酷热难耐，即使用最大的空调机进行降温，温度仍然高达53摄氏度。另外，这里的压力也非常大，如果在坑道的石壁上钻一个小孔，周围的石头就会慢慢向小孔"挤压"过来，用不了一天时间，小孔就被"挤"没了。但是，在这里人们看到的仍然是和地面上差不多的石头，没有什么特别不一样的地方。

要是再往下挖，温度和压力还会增加，不仅人受不了，就是挖洞的机器也很难开动。看来，要想挖更深的、人可以"钻"进去的洞是很难办到的，只有再想其他办法了。

科学家们想，既然挖人能进去的洞很困难，那么用打井用的钻机往下"钻"一个"井眼"，把底下的东西带上来，不就

我们能钻进地球多深呢？

到底下去看看远没有到太空去那么容易

知道地下有什么东西了吗？因此，科学家们放弃了挖洞直接到地下观察的设想，改用钻机往地下打孔，希望从更深的钻孔里取出东西来进行研究，来探索地下的秘密。

可是，用钻机往地下打孔也不是件容易的事情。一般说来，地表附近是一些土层或比较"软"的石头，强大的钻机，钻起这些东西来，简直就是"小菜儿一碟儿"，不用"费劲"就可以哗哗地把这层土和"软"石头钻开，几天就可以钻出一口1000多米深的井眼来。但是，再往下钻就不那么容易了。首先，地下的石头要比地表的石头硬得多，所以钻的速度很慢，往往要比上面慢好几倍。另外，钻机往下"钻"全靠钻头，钻头好比是一把挖石头的"刀子"，在长长的钻杆的带动下，钻头高速转动，不断地把石头"挖开"，就形成了圆圆的井眼。石头硬了，钻头的磨损就快，就需要提上来更换。连接钻头的钻杆是一节一节的钢管接起来的，要更换钻头就要把钻杆一节节提上来，换上钻头后再一节节地放下去。在钻到3000米深的时候，单是这个更换钻头的过程就需要好几天的时间，并且钻得越深花费的时间越多。当钻到4000米、5000米的时候，钻进的速度就会非常缓慢。钻一口5000米左右的井往往要花费一两年的时间。

如果继续往下钻，麻烦就更多。超过5000米之后，下面的石头的温度和压力就更高，钻头的磨损速度越来越快，而此时更换一次钻头就要花费更长时间。此外，因为深度增大，钻杆不断接长，粗大钢管做成的钻杆，在这样的长度下也会变得像面条一样柔软，不肯往下"使劲"。

粗大的钢管做成的钻杆怎么会像面条一样柔软呢？我们知道，任何东西都有一定的弹性，当东西较小的时候，弹性可能表现不太明显，增长之后弹性就充分表现出来了。比如火柴长短的一小段铁丝，你很难把它弄弯，但是同样粗细的一根长长的铁丝你可以随意把它盘起来。钻杆也是这个道理，当接到5000多米长时，再粗大坚硬的钢管也会变得非常柔软。

因此，从5000米往下每钻进1米都要付出很大的代价。美国有一口钻井，费了九牛二虎之力，好不容易钻到了9600米，当他们想继续往下钻的时候，钻头却被地下高温高压的石头卡住了，万般无奈只好停钻，这已经是人类在地球上钻得比较深的一口"井眼"了。

国外一些科学家，打算钻一口15 000米的"超深钻井"，以此来了解地球内部的情况，这是一个非常惊人的工程。因为

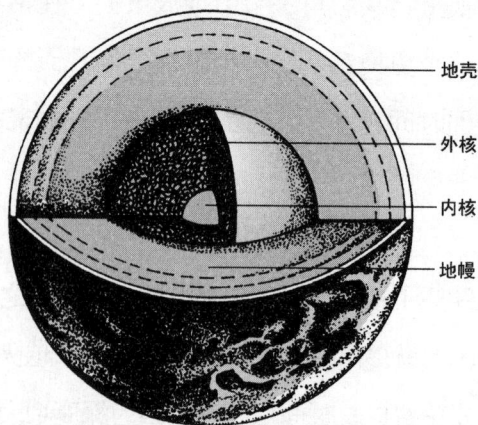

地球内部结构示意

当井眼钻到这么深时，仅仅钻杆本身的重量就会把自己的"身子"拉长50米。只有研制出非常坚韧的特种钢材才能经得起这样的拉力。

但是，即使是打出了15 000米的"深洞"，相对于地球6371千米的半径来，也只能说是划破了地球的"一层皮"，离了解地下深处的情况还差得远呢！所以，单靠"挖洞"、"钻井"来揭开地球的神秘"幕布"是不可能的，必须寻找其他办法。

● 解剖地球的锋利"手术刀"

不管是"挖洞"还是"钻井"，按照目前的科学技术水平，人们最多只能了解地表下10千米左右的地方，再深就不可能了。这样说来，难道人们再也没有办法探索地下深处的奥秘了吗？不是的，你别失望，经过多年的努力，科学家们终于找到了一把可以把地球解剖开的"手术刀"。用这把"锋利"的"手术刀"，科学家们可以把地球一层一层地"剖开"，让地球内部的秘密毫无遮掩地"暴露"在人们的眼前。这把"锋利"的"手术刀"就是地震波。

1800多年以前，在东汉的京城洛阳，有位著名的学者张衡，一天，他告诉大家：京城西边有的地方发生了地震。可是人们并未感觉到震动，谁也不肯相信。过了几天，送信的使者骑着快马带来了消息，果然那天在甘肃西部发生了地震。是谁那样迅速地向张衡报告了地震的消息呢？不是别人，正是地震自己。

原来在发生地震的时候，从地震的发源地向四面传出了一阵阵波动，这种波动叫作地震波，地震波到了哪里，哪里就有震动。地震波跑的速度很快，因此，一处发生了地震，在它周围的地区很快就会有感应。愈是靠近地震发源地的地方，感到的震动愈强，愈远愈弱；地震的强度愈剧烈，所能影响的范围也愈大。

单凭人的感官来察觉地震波的传播是很不够的，当震动变得很微弱以后，人就不能发现了，这时用仪器才能测出来。张衡在公元132年发明制作了世界上第一台地震仪，因此他能在一般人不能察觉的情况下得知什么方向发生了地震。

我们知道，地震是一种很凶险的自然灾害，1976年我国河北省的唐山市，发生了一次强烈地震，百万人口的大型工业城市，一瞬间夷为平地，24万多人在这场地震中罹难。地震之所以会造成大面积的灾害，其"罪魁祸首"就是地震波。地震发生时，会向外释放出巨大的能量，而这种能量一般都是在地下深处产生的，如果没有东西把这种能量传播到地表，就不会形成灾害，而地震波恰恰就是传播这种能量的罪恶"使者"。地震发出的能量，凭借地震波穿过厚厚的岩石传到地表，给地表的建筑物造成破坏。

你可能已经看出来了，"劣迹斑斑"的地震波，有一个

地震往往给人类带来巨大的灾难

"穿岩破壁"的神奇本领，它能穿透厚厚的岩石。正是利用这一点，科学家们"变害为利"，把地震波当成了"解剖"地球的"手术刀"，用它来探测地球深处的秘密。科学家们研究发现，对"解剖"地球来讲，最有用的地震波有两种：一种是振动方向和波的传播方向一样的地震波，其形态就像来回伸缩蠕动的手风琴的风箱一样，科学家们把这种波叫作"纵波"；另一种是振动的方向和波的传播方向垂直的地震波，像抖动起来的一条绳子上的波，一边前进一边横着振动，因此科学家们把这种波形象地称为"横波"。

不管是纵波还是横波，它们都有几个共同的特性。首先，它们的穿透性很强，能在岩石中"穿行"；其次，地震波天生"侠肝义胆"，它有一个"吃硬"而"不吃软"的脾气，在坚硬的石头中，它穿行的速度很快，而在一些较松软的石头中却走得很慢，在液体中走得更慢，横波干脆不能在液体中穿行。

　　但是，想要通过地震波了解地球内部的情况，地震波只有穿透地球的本领还不行，它还要有把地球内部的"消息"带到地面的本领。巧得很，地震波还真有这种本领。

　　我们知道，我们之所以能够看到大自然的景色、人的五官貌相等，这些都是因为光照到这些物体的表面，有一部分光从这些物体的表面反射回来，我们的眼睛接受了这部分反射回来的光的缘故。大自然的景色，人的五官貌相，就是光反射带给我们的信息。地震波也像光波一样在从一种物质进入到另一种物质时会发生折射或反射，遇到地下有裂缝、空洞等时也会改变前进的方向。我们将折射和反射上来的地震波用仪器接收下来，研究它在地下旅程中速度的变化和在多深的地方发生了折射和反射，就可以查明地下许多情况，帮助我们找到矿藏和提供其他方面所需要的资料。

　　当地震发生时，地震波不仅传向地表，同时还长驱直入，向地心"进军"，在这个过程中，每遇到一层不同性质的

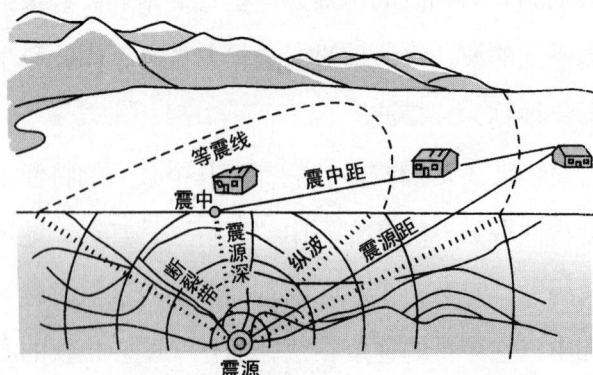

地震波的传播

东西就会有一部分地震波反射回来，并且遇到硬的东西反射回来的多，而遇到软的东西反射回来的少。通过接受反射回来的地震波，科学家们就会计算出地震波在地下不同深度的传播速度，以及不同深度的东西对地震波的反射情况。由此就可以知道地下深处的情况了。

但是，仅仅依靠天然的地震来研究地球内部的情况是不够的。科学家们就通过爆破等手段人为制造一些地震波，借此来研究地球内部的情况。地震波带给我们的信息非常丰富。

首先，通过地震波人们可以知道地下某一层东西埋藏的深度，或者某一层东西的厚度。很容易理解，这和平常利用声音测量距离的道理差不多。我们知道，在气温15摄氏度时，声波在空气中的传播速度大约是每秒钟340米，假如离我们不远处有一座高山，我们想知道这座高山离我们多远，就可以对着高山用力喊一声，并精确测量从我们声音喊出到听到回声的时间，这个时间就是声音在我们站立的地点到大山之间一来一往的时间，用这个时间乘以声波在空气中传播的速度，再除以2，就是我们所站立的地点到高山之间的距离。同样道理，科学家们可以测量地震波从地面传到地下某一层东西再从那里反射回来的时间，只要知道地震波传播的速度，就可以计算出那层东西的埋藏深度。

通过地震波人们还可以推测地下某一层大致是什么东西，因为地震波在不同的物质里传播的速度不同。比如在松散的土壤中，地震波的传播速度每秒只有几百米，在密度比较小的沙岩中传播速度是每秒3000~4000米，而在坚硬的橄榄岩中地震波的传播速度高达每秒6000~7000米。科学家们在地面上通过特殊的仪器就可以测量出地震波在地下不同的地层中的传播速度。这样，通过测量地震波在各个地层中的传播速度，就可以大致知道各个地层是什么东西了。

但是需要说明的是，地震波携带的信息是非常复杂的，真要想研究透可不是一件容易的事。

● 最早"解剖"地球的人

1909年，位于欧洲的巴尔干半岛南斯拉夫的库尔帕河谷发生了一次地震，一位名叫莫霍洛维奇的科学家通过认真观测发现，在地下大约32千米深的地方，地震波的速度突然变快了。因此，莫霍洛维奇认为，这个地震波突然变快的地方，肯定是地球内部的一个分界面。以后，世界上的许多科学家，也都靠地震波找到了这个分界面。这个界面便是地壳和地幔的分界面，它的上面就是我们常说的地壳，它的下面就是地幔。为了纪念莫霍洛维奇这个最早"解剖"地球的科学家，人们就把这个分界面叫作"莫霍洛维奇面"，简称"莫霍面"。

大约80年前，英国的一位科学家发现了一个有趣的现象：当地震波传到地下2900千米深的时候，速度突然发生很大的变化，纵波由原来的每秒钟跑13.46千米，一下子减慢到

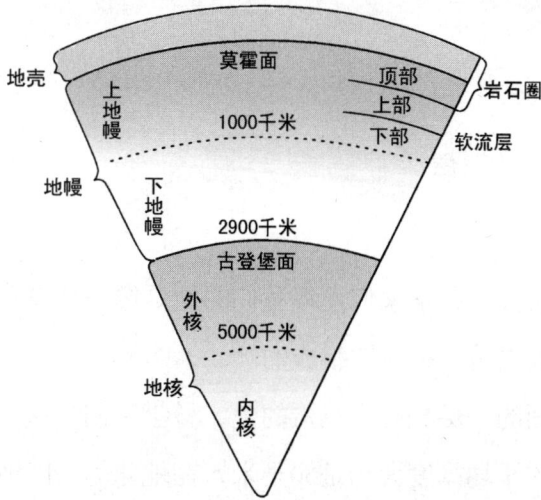

地震波解剖的地球剖面结构

每秒钟只跑8千米；横波更绝，走到这儿干脆不走了。这位科学家想，只有液体才能阻止横波的通过，因此地球的内部可能是液体。遗憾的是，这位科学家没有做出确切的结论。过了几年，美国一位名叫古登堡的科学家，仔细研究了地震波在这个位置的变化，确定地下2900千米深的地方的确是地球内部的又一个分界面。这个分界面就是地幔和地核之间的分界面，它的上面是地幔，下面是地核。为了纪念古登堡对地球科学的贡献，人们就把这个界面叫作"古登堡面"。

● "没煮透的鸡蛋"

根据研究，科学家们发现我们的地球像一个没有煮透的鸡蛋，从外到内是一层一层组成的。

最外面的一层相当于鸡蛋的壳，科学家们把这一层叫作地壳。地壳的平均厚度大约是30千米，在地球的不同地方差别很大，在我国的青藏高原，地壳的厚度高达60~70千米，而在浩瀚的太平洋洋底，地壳的厚度只有5~8千米。

地壳下面一层相当于鸡蛋的蛋清，科学家们把这一层称为地幔。地震波在地幔的传播速度要比在地壳中快得多，所以科学家们推算地幔物质密度要比地壳大得多。地幔的厚度从地壳往下一直到2900千米的深处。

本来大部分地幔都是固体的，但有趣的是在地幔的上部，在100~250千米的深处，夹有一层呈流体状态的东西，好像糖饼中夹着的融化的糖心。那么地幔中间的这层"糖心"是怎么形成的呢？原来在这一层，因为温度已经很高，本来可以把岩石全部熔化成液体的岩浆，但这里强大的压力又紧紧地把岩石"禁锢"住，不让它"痛痛快快"地熔化，因此，这一层就变成了既不是液体，又不是固体，黏稠得像烧红的玻璃一样的东西。科学家们把这一层黏稠的东西叫作软流层。

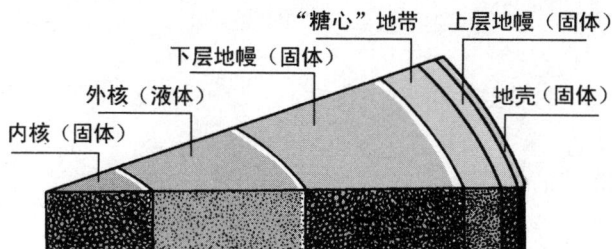

内核（固体）　外核（液体）　下层地幔（固体）　"糖心"地带　上层地幔（固体）　地壳（固体）

地层立体剖面图

软流层上面的地幔因为温度较低，所以全都是固体的坚硬石头，这些石头和地壳里的石头一起共同为地球筑起了一道坚硬的"盔甲"，这层由地壳和一部分地幔共同组成的"盔甲"，科学家们称为岩石圈。岩石圈的厚度一般是70~100千米。软流层下面因为压力太大，这里的石头不可能像软流层里的石头那样"软化"，所以仍然是固体。

地幔的下面就是相当于蛋黄的地核。本领高强的地震波给科学家们带回一个重要的信息，地核内物质的密度比地表大得多，一般是水的9~12倍。因此，科学家们推算，虽然地核的体积只占地球体积的16.1%，但它的质量却大约是地球质量的31%。科学家们推测，地核当中绝大部分物质是密度比较大的铁。铁在这里已经和我们平常看到的铁不一样了。在极高的温度下，地核上部的铁熔化成一种特殊的液体，而在地核的中间，由于压力的进一步增大，又会阻止铁的进一步熔化，所以地核中心的铁又变成了一种特殊的坚实固体。所以，我们地球的中心，是一块又重又硬的"铁疙瘩"。

● 火热的"心肠"

很早的时候，当古代人在矿山的坑道里采矿的时候，他们便知道地下是热的，即使外面是冰天雪地的严冬，矿山深深的坑道里仍然非常暖和。从地下冒出来的一股股温泉，也向人们说明地下确实是很热的。我国西藏的羊八井地热泉喷出的地下高温水汽，温度高达120多摄氏度，比沸水的温度还高，可以直接用来发电。地球内部的温度到底有多高呢？根据科学家们的实际测量，在地下十几米至二三十米深的地方，温度和地面上的温度差不多，而且，一年四季没什么变化，所以，科学家们把这一层叫作常温层。从这一层再往下，温度就开始慢慢升高了。经过测算，科学家们发现，一般说来，每深入地下33米，温度就要升高1摄氏度。从地球的表面到地球的中心，足足有6000多千米，如果按每33米升高1摄氏度计算，地心的温度就应该有20多万摄氏度！这当然是不可能的。因为，就是炽热的太阳，其表面的温度也只有6000摄氏度左右。如果地心的温度真的热到了20万摄氏度，地球早就变成一团气体了。

这是怎么回事呢？难道科学家们的计算错了。不是的，每33米升高1摄氏度的测算数据并没有错误，只是这个数据仅在20千米以上有效。再往深里走，这个数据就不准确了。因为地下物质密度很大，热量比较容易传播，上下温度的差别不像地表这样明显，所以温度的升高就变得比较缓慢了。到了25千米以下，深度每增加100米，温度才升高0.8摄氏度左右。但即使按这个数字计算，地下的温度也是很高的。科学家们估计，地球中心的温度有4000~6000摄氏度，这比世界上任何一座炼钢炉的温度都要高许多！地球的中心真是太热了。

● 火山"泄密"

火山爆发帮助人们进一步了解了地下深处的情况。过去人们一直认为火山里喷出来的是火和烟。直到100多年前，一些科学家冒着生命危险，在火山猛烈喷发的时候到火山口附近实地考察才弄明白，从火山喷出来的不是普普通通的"火"和"烟"。火山喷出的"火苗"，实际上是像铁水一样呈液体状态的高温岩浆；而火山口喷出的"烟"实际上是一股股水蒸气、岩石碎屑和其他气体组成的烟尘。由于火山喷出的岩浆和烟尘温度很高，所以看起来就和燃烧一样。其实，这和我们平常燃烧煤、木柴冒出的火苗根本不是一回事。

地壳和地幔不是很结实的吗？岩浆是从哪儿冒出来的呢？原来，岩浆就是从我们前面讲过的地幔中夹着的那层"糖心"中来的。我们前面介绍过，在地幔"糖心"的位置，温度本来已经很高，完全达到了使石头熔化的地步，但是这里

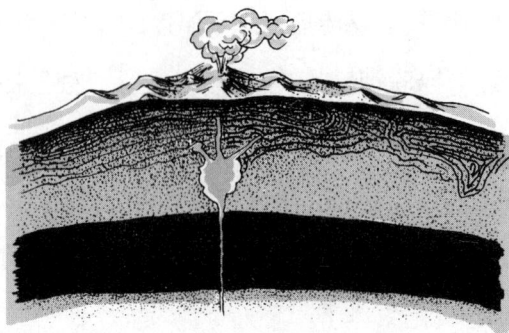

火山爆发

巨大的压力，却不让石头痛痛快快地熔化成岩浆，因此这里的石头就变成了黏稠的软流层。而软流层上面的岩石圈不是铁板一块，有许多大大小小的裂缝，软流层黏稠的东西就会顺着这些裂缝涌上来，涌到地壳上部时，由于压力急剧降低，这些黏稠的东西就会"痛快地"熔化成岩浆喷射出来，就形成了火山爆发。当然，软流层里的东西，不是都能冲到地表形成火山，有时因为裂缝太小，或者裂缝不太通畅，它就只能涌到"半路"，这些东西就会在地壳的裂缝中冷却下来，形成地下的火成岩。

火山爆发虽然给人类造成了许多灾难，但也给人们带来了许多便利。火山是地球内部和外部的唯一通道，当岩浆喷到地面时，就会把许多地下的秘密带上来。通过火山喷出的岩浆，科学家们就可以了解地下温度的情况、软流层的情况、地下物质的成分等许多东西。有趣的是，火山还是天然的"化肥厂"。在火山比较多的印度尼西亚和日本，火山喷发常常会给周围的农田撒上一层富含钾的火山灰。我们知道，钾是重要的

二、解密地球"芳龄"

俗话说"天长地久",意思是说"天"广袤无垠,"地"存在的时间已经很长很长了。从这句话里可以看出,人类在很久以前就已经意识到地球存在了非常久远的时间了。但是,地球的年龄到底有多大了呢?很久以前就有人想回答这个问题。

传说,我国古代春秋战国时期,一个鲁国人在山里捉到一只样子非常奇特的野兽,因为从来没有见过这样的野兽,就给这种野兽取名"麒麟",并把它献给了国君。鲁国的国君非常高兴,认为捉到异兽,分明是"开天辟地"以来最大的吉兆。但是,国君不知道"开天辟地"是什么时间,于是就吩咐手下的几位"方士"算一算,从"开天辟地"到这次捉到麒麟有多少年了。几位所谓的"方士"摇头晃脑,装模作样地忙乱了一阵子,居然莫名其妙地"算"出了326.7万年这个没根没据的数字。

古代欧洲的大主教说:地球是上帝创造的,地球的诞生时间是"公元前4004年"。如此算来,到今天为止地球的年

我们的祖先曾绞尽脑汁来测算地球的年龄

龄也只有6000岁。奇怪的是，一直到18世纪，欧洲还有许多受过正规学校教育的人相信大主教的奇谈怪论，认为地球的年龄不过6000岁。

另外，还有许多关于地球年龄的传说。比如，古代的波斯人说：世界一共才存在了1.2万年；古代巴比伦的星占家们推算说：世界很老了，足足有200多万年。这些当然也都是无稽之谈。

古代的江湖"方士"、大主教推算出的地球年龄没有任何科学依据，纯粹是凭空臆断，没有任何价值。真正用科学的方法对地球的年龄进行研究和探索是从18世纪开始的。那么，科学家们为什么要知道地球的年龄呢？这当然不是为了好奇，更不是为了给地球做寿，而是因为许多科学研究上的问题都和地球的年龄有关。研究地球的年龄有助于揭开许多科学谜底：地球不是上帝创造的，也不是从来就有的，而是在太空中逐步演化形成的。那么，它是经历了多长的岁月才演化成今天这个样子的呢？地球上的山脉、河流，地下的岩石矿藏，是怎么形成，又是什么时间形成的呢？生活在地球上的飞禽走兽，花鸟鱼虫等各种动物、植物、微生物，又是经过了多长时间才变成今天这个样子的呢？等等，所有这些问题，都离不开地球的年龄。此外，地球是太阳系家族中的一个成员，研究地球的年龄，还有助于人们进一步探索和研究太阳系及其他天体的起源。

但是，要弄清楚地球的年龄，实在不是一件简单的事情。想想看，一个人的寿命不过几十年，我们整个人类有文字记载的历史也不过几千年。相对于人的寿命和人类的历史来讲，地球的历史实在是太久远、太古老了。今天，地球年龄的问题已经得到了比较满意的解决，我们已经比较清楚地知道地球有45亿到47亿岁的高龄了。但是，这个结果可不是一下子得到的。200多年来，许许多多的科学家为了弄清楚地球年龄的问题，尝试了不同的方法，做了大量艰苦的探索工作。

● "芳龄"难觅

从18世纪70年代到20世纪初，为了解决一系列悬而未决的地球科学问题，许多科学家采取多种不同的办法对地球的年龄问题进行了大量的研究工作。但这些研究都没能最终确定地球的确切年龄。

布丰的"小地球"

布丰是18世纪法国的一名科学家，他研究的对象相当广泛，尤其是在地球科学方面，布丰有许多独到的见解。1779年，布丰试图用试验的方法，确定地球的年龄。他认为，地球是由原始温度很高的状态慢慢冷却形成的，只要能够知道地球冷却的速度就能够计算出地球的年龄。为此，他制作了一个成分和地球差不多的"小地球"，把它加热，再让它慢慢冷却，然后测量这个"小地球"的冷却速度。根据实验结果，最后布丰估算出地球的年龄大约是75 000年，这显然与地球的真实年龄有天壤之别。

与布丰的方法不谋而合，19世纪60年代，英国一个著名的

我的这个"小地球"也许能测算地球的年龄呢！

这样测地球年龄能行吗

科学家开尔文也试图用类似的方法计算出地球的年龄。开尔文认为，地球刚刚诞生的时候温度很高，像一个火热的巨大"火球"，后来慢慢冷却，外面逐步凝固成了坚硬的外壳，但内部依然温度很高。1862年，开尔文仔细测量了地球表面岩层的温度和各种岩石的传热速度等数据之后，用特殊的方法计算出地球的年龄是2000万~4000万年，这显然和地球的真实年龄差距非常大了。

布丰和开尔文都是很著名的科学家，但是为什么他们计算出的地球年龄这么"离谱"呢？这是由当时的科学认识和科学技术水平的局限性造成的。布丰和开尔文实际上犯了同一个错误，他们都认为地球的热量全部来源于地球刚刚开始形成的初期，地球形成之后就只是向外散发热量，本身一点也不产生热量。其实不是这样，在地球表面向外散发热量的同时，其内部也在不断地产生热量，同时地球还接受一部分来自太阳的热量。实际上，地球只是在形成初期不稳定状态下向外散发的热量大于其自身产生的热量，总的热量是减少的，在形成之后，其热量基本上处于一种大致平衡的状态。基本的根据都错了，就难怪布丰和开尔文计算出的地球年龄出现错误了。也许布丰和开尔文计算出的只是地球幼年期的年龄，或者什么都不是，天知道！

向太阳"请教"的赫尔姆霍兹

与开尔文差不多的时代，德国的一位科学家赫尔姆霍兹认为，地球和太阳是在同一时期诞生的，地球的年龄应当与太阳差不多，只要知道了太阳的年龄，就能够估算出地球的年纪了。那么，怎样才能知道太阳的年龄呢？赫尔姆霍兹认为，由于受万有引力的作用，太阳的"身体"一直在不断地收缩，外面的物质不断向中心"塌落"，在这种物质的塌落过程中会释放出大量的能量，太阳发出的光和热就是这种能量转化而来的，根据赫尔姆霍兹的计算，太阳每发光2000年，它的半径就会缩小千分之一，太阳总的能量只够它消耗2000万年，所以太阳的年龄只有2000万年左右，地球的年龄最长也不会超过这个数字。赫尔姆霍兹计算出来的这个数字显然是不对的。那么，他的错在哪里呢？原来受当时科学技术水平的局限，赫尔姆霍兹还不知道太阳的能量主要来自它内部的热核反应，而不是靠自身的收缩，赫尔姆霍兹计算的出发点就错了，计算出的结果当然与太阳和地球的实际年龄大相径庭了。

品尝海水滋味的哈雷

哈雷是19世纪英国的一位著名的天文学家，著名的哈雷彗星就是以他的名字命名的。他认为地球刚刚诞生时，海洋里的水不含盐分，全是淡水，现在使海水又苦又咸的盐分，是在地球漫长的历史中由河流从陆地冲到海洋中的，所以只要计算出海水中盐分的含量，和每年从陆地冲刷到海洋里盐分的数量就可以大致计算出地球的年龄。现在每1000千克海水里大约含有30千克的盐分。哈雷对每年海洋增加的盐分进行了估算后，推算出海水从最初的淡水变成今天这样的咸水，大约需要10亿年的时间。因此，哈雷认为地球的年龄大约是10亿年。应该说哈

哈雷为地球测年龄可就不行了

雷的计算方法有他一定的道理，海水里的盐分的确有大部分是陆地的矿物质被溶解后冲进海里的，但是，因为在漫长的地球历史中，地球的表面形态不止一次发生过翻天覆地的变化，河流冲刷盐分的能力也会相应发生变化，所以，谁也不知道它每年能把多少盐分冲到海里去，所以哈雷的计算结果的可靠性也就大打折扣了。

令人失望的地球"年轮"

时间给人的感觉好像是抓不到摸不着的东西，其实并不完全是这样。时间往往会在大自然中留下自己匆匆走过的"脚印"。看见过树木的年轮吗？沿与树干垂直的方向锯开一棵大树，你就会看到在锯开的断面上，从中心到边缘有规律地排列着一圈儿一圈儿深浅相间的花纹，这就是树木的"年轮"。每年的春天和夏天，气候温暖树木生长较快，这时候形成的树木细胞比较大，长成的木材相对比较稀疏，颜色就比较浅；而到了秋冬季节，气候逐渐变冷，树木的生长变得缓慢了，这时形成

树木也有为自己记年龄的本领

的细胞就比较小，长成的木材就要致密一些，颜色也就比较深了。所以每过一年，在树干里就会形成一圈儿颜色深浅相间、宽窄也不相同的圆环，这就是树木的年轮。我们可以这样说，年轮就是时间在树木上留下的"脚印"。

你可能马上会联想到，时间会不会在地球上也留下"脚印"呢？如果时间在地球上也留下类似于树木年轮的东西，我们不就很容易找到地球的年龄了吗？你的想法很好，的确是这样。同样，许多科学家也想到了这个问题。

最先引起科学家们注意的就是地球上一层一层的岩层，这种东西和树木的年轮非常类似。这些一层一层的岩层，科学家们把它叫作"沉积岩"，它们是在远古地球的海洋或湖泊里慢慢沉积形成的。但是，令科学家们失望的是，沉积岩中的一层一层的纹理，是因为岩石内部的成分不同造成的，和树木的年轮不一样，它和地球上的四季变化没有什么关系。一层岩层并不代表地球的1岁，所以根据岩层查不出地球的年龄来。

但科学家们并没有气馁，经过艰苦的工作，他们终于在欧洲的波罗的海地区找到了类似于年轮的东西。远古时代的波罗的海是冰川比较多的地区。后来，地球逐渐变暖，冰川也随之逐渐融化消退。每年的夏天冰川融化，大量颗粒粗大的岩石碎屑被洪水从山上冲了下来，沉积在古波罗的海里；而在冬天，冰川的融化慢慢停止，从山上下来的水也逐渐变小、变弱，于是只有一些很细小的泥沙被挟带下来。这样，随着冰川一年一度的融化，就在波罗的海的岸边形成了粗细相间、颜色深浅不一的纹理，科学家们把这种纹理叫作"泥纹"。耐心的科学家们曾经不辞辛苦地在波罗的海的沿岸，从南到北追踪这些泥纹，仔细数它们的数目，希望能从这里数出地球的年龄来。但令人失望的是，这种泥纹数到15000多条以后就消失了。难道地球只有15000多岁？显然不是。经过进一步的研究，科学家们证实，波罗的海沿岸的泥纹反映的只是波罗的海地区一次冰川消退的过程，泥纹所代表的时间也只是冰川消退的时间，地球诞生以来，随着地球温度的变化，在不同的地区发生过多次冰川

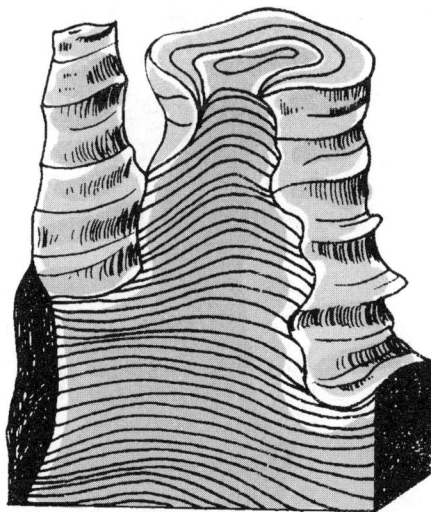

藻类沉积形成的叠层石

进退。所以，在一个地区的冰川泥纹上根本无法分析出地球年龄。

● 看看地球的"面皮"有多厚

地球的许多地方都覆盖有一层一层的沉积岩，它们像地球的"面皮"一样覆盖在地球的表面，这些沉积岩是在地球形成之后，由于雨水的冲刷，将陆地的物质冲刷到古老的海洋、湖泊中，慢慢沉积形成的。有的科学家想，既然沉积岩的岩层纹理不是地球的"年轮"，如果知道地球上现在的沉积岩有多厚，同时知道每年大约能沉积多厚，不就可以知道地球的年龄了吗？有的科学家在认真调查之后发现，地球的"面皮"在不同的地区厚薄不一样，最厚的地方大约有15千米。地球上所有的河流冲到大海的物质，加上大海本身海洋生物遗骸沉积的物质，每年可以在大洋洋底铺上0.03~0.06毫米厚的一层沉积物。这样算来，沉积15千米

我的芳龄才不让你知道呢！

科学家们能测出地球的"芳龄"吗

的岩层，需要2.5亿~5亿年的时间，所以地球的年龄最小应不小于2.5亿~5亿年。但是，许多科学家对这个数字并不满意，认为这个数字同样不能代表地球的年龄。原因是，首先地球并不是从一开始就有沉积岩的，沉积岩是地球产生很长一段时间之后的事情，所以沉积岩所代表的时间不可能是地球的年龄；其次，沉积岩形成之后，地壳经过多次沧海桑田的变化，原来深藏在海底的沉积岩可能一度变成为高山，已经形成的沉积岩就会被风化、破坏，所以，现在我们看到的沉积岩的厚度早已不是地球诞生以来所有沉积岩的厚度，存在的误差是很大的。

虽然许许多多的科学家，想尽一切办法破解地球年龄之谜，但是在整个18世纪和19世纪，没有一名科学家能够如愿，地球像一个羞答答的少女，始终不愿意将自己的"芳龄"告诉人们。

● 忠实记录地球年龄的"钟表"

科学家们经过将近200年的苦苦探索，仍然没能解开地球年龄之谜，根本原因是没有找到一个合适的、能够准确稳定地记录地球年龄的"钟表"。

能够记录地球年龄的"钟表"可不简单，它要满足许多苛刻的条件才行。首先，这只"钟表"的量程要非常大，也就是说它要能够记录很长很长的时间。因为我们要记录的时间不是一小时两小时，也不是一天两天的时间，而是地球从诞生到现在的亿万年的漫长岁月；其次，这只"钟表"必须十分稳定，不管外面的条件如何变化它都能够稳定地走动，从不"停摆"；另外，这只"钟表"还必须是在地球一形成就开始自动地记录地球的年龄……

看起来对记录地球年龄的"钟表"的要求真是太高了！自然界真的有这样的"钟表"吗？无巧不成书，丰富多彩的大自然当中，还真的就有这么一种"钟表"。

这真是踏破铁鞋无觅处，得来全不费工夫。正当科学家们对地球年龄的问题一筹莫展的时候，19世纪末，科学家们在做原子物理学研究的时候，却发现了能够记录地球年龄的绝妙"钟表"，这就是放射性元素。

会变的原子

1896年，法国一位科学家贝克勒尔发现，他放在抽屉里的用不透光的黑纸包得严严实实的胶片感光了，放在胶片外边的一只钥匙被清清楚楚地"印"在感光胶片上。贝克勒尔百思不得其解，包得好好的胶片怎么会感光呢？过去一直没有发生过类似的情况啊？他反复琢磨，突然发现抽屉里比原来多了一块石头，这块石头是他前几天不经意随手放在抽屉里的一块含铀矿石，难道是这块石头的原因？通过试验，贝克勒尔证明自己的想法是正确的，这块含铀的矿石能使包得厚厚的胶片感光。由此，贝克勒尔断定这种含铀的矿石能够自动向外发射一些看不见的射线，这种射线的穿透力很强。两年之后，波兰的科学家居里夫人发现钍元素也有类似的放射性。不久，英国的科学家卢瑟福发现放射性元素的原子会蜕变。所谓原子的"蜕变"，就是放射性元素的原子，在放射出射线的同时，自己就会变成另一种元素的原子。比如，铀和钍在放出射线之后就会变成铅，而另一种放射性元素铷在放出射线之后就会变成锶。

合格的"钟表"

放射性元素蜕变现象的发现，令苦于揭开地球年龄之谜的科学家们欣喜若狂。原来，这种放射性元素的蜕变过程非常得缓慢和稳定，并且这种蜕变速度可以在实验室里准确地测出来。我们知道，一种矿物在形成时，它内部的各种元素的比例是固定的，因此，只要从地壳中找出一种矿物，精确地测量出它现在含有的铀、钍和铅或者铷和锶的含量和比例，就能计算出这块矿物从诞生到现在已经有多长时间了。这样，放射性元素就成了准确记录矿物年龄的可靠"钟表"。如果能够准确知道地球上矿物的年龄，再计算地球的年龄就容易多了。

科学家们对这只"钟表"非常满意。首先，这只"钟表"的量程非常大，可以记录非常久远的时间。比如，1克铀，在1年时间里只有七十四亿分之一克变成铅，要经过45亿年，才能有一半变成铅。而另一种放射性元素铷变成锶的速度就更慢，变化一半竟需要498亿年。用量程这样大的

"钟表"记录地球的年龄是再合适不过了。

此外，这只"钟表"非常稳定。不管春夏秋冬，干湿冷热，外部条件如何变化，它都是照走不误，不受任何干扰。更奇妙的是，这只"钟表"只要矿物已形成就"自动开始"计时。因为任何一种放射性元素，只要被固定在一种矿物中，就会在新的环境里继续进行蜕变，并把蜕变成的新元素一点一点重新积累在这种矿物里。因此，它记录下来的时间，正好是从这个矿物形成到我们测量时所经历的时间。

"写在""天外来客"身上的地球年龄

我们有了放射性元素这只合格的"钟表"并不等于就知道地球的年龄了。因为，我们用放射性元素直接测出来的是矿物的年龄，并不是地球的年龄。假如我们能够找到一个和地球同时诞生的矿物，这个矿物的年龄就是地球的年龄。但令人遗憾的是，这样的矿物并不好找，或者说根本就找不到。原因是，我们现在看到的矿物几乎都是地球诞生之后形成的，它们的年龄都比地球小，与地球诞生同时形成的古老矿物，在漫长的地球演变过程中几乎都被破坏掉了，即使有一些没有被破坏也被深埋在地球的深处，我们根本无法拿到。那么，我们是不是就不能准确知道地球的年龄了呢？当然不是。

天无绝人之路。科学家们认为，我们的地球是太阳系的一员，地球的年龄应当与太阳系其他成员的年龄基本相当。我们知道，太阳系中有一种叫陨星的东西，这种东西坠落到地球上就是陨石。陨星是太阳系里的"小不点"，它们形成之后基本保持着老样子，没有什么变化。因此，如果能够找到一块陨石，测量出它的年龄就可以知道地球的年龄了。可巧的是，陨石这种小东西经常“造访”地球，多数陨石因“个头”太小，没能落到地面，就在大气层中燃烧完了，但是，一些个儿头大的“家伙”就能穿过大气层落到地面上。1976年3月8日下午15时01分，在我国的吉林省，成群的陨石拖着长长火光从天而降。事后，科学家们共收集到陨石碎片100多块，总重量达2700千克，其中最大的一块重达1770千克。这些从天而降的“天外来客”，给我们带来了地球年龄的信息，科学家们通过测量陨石的年龄，比较确切地知道了地球的年龄。测量的结果是，用铀、钍蜕变成铅的方法计算出陨石的年龄是45.5亿年，用铷蜕变成锶的方法计算出陨石的年龄一般来说是45亿~47亿年，所以地球的年龄，大约是45亿~47亿年。这就是今天大家比较公认的地球年龄。

经过200多年许多科学家的共同努力，地球年龄之谜终于有了比较圆满的答案。

● 录制地球过去的"磁带"

我们都用过录音带和录像带，那么，声音或图像是怎么储存在录音带或录像带上的呢？原来，不管是录音带还是录像带，表面都涂有一层磁性物质，当录音或录像的时候，录音机或录像机就会把声音或图像信号变成磁信号储存在录音带、录像带表面的磁性物质上，这些保存下来的磁性信号就是科学家们所说的剩磁，当放音或放像的时候，这些磁性信号就会还原成声音或图像释放出来。可以这样讲，录音带、录像带就是通过剩磁来保存声音或图像的。所以，平常我们把录音带、录像带统称为磁带。

有趣的是，地球也把自己的"历史"录制成了"磁带"，不过播放这些"磁带"要费很多周折，必须经过专门的研究，才能知道这些磁带上记录了些什么。地球是怎么"录制"自己的"磁带"的呢？

我国古书里曾经记载过一个制造"指南鱼"的方法，很能说明这个问题：把一个本来没有磁性的铁片做成"小鱼"的形状，用火把"小鱼"烧红，然后让"小鱼"的身子顺着南北方向放好，让它慢慢冷却，等完全冷下来之后，这条本来没有磁性的"小鱼"，就会变成一条有磁性的"磁鱼"，让它漂浮在水面上就可以指示南北，就和指南针一样。这个记载是很有科学道理的。我们知道，铁的分子本来是有磁性的，这就是铁制东西可以被磁铁吸引的原因，只是因为铁的分子在平时排列得乱七八糟，磁性被互相抵消掉了，所以才没有显出磁性来。把铁片烧热后，铁片里的铁分子在高温下就可以自由活动。我们知道，地球本身就是一个大磁石，在它的影响下，本来就有磁性的铁分子就会整齐地按照地球磁场的方向排列起来，经过这样的重新排列，铁片做成的小鱼就有磁性了。

和上面"指南鱼"的道理一样，受地球磁场的影响，岩石形成的时候，内部的磁性物质的磁场就会按照当时地球磁场的方向分布，并固定下来。反过来讲，就是说，当时地球磁场的方向会在岩石上留下磁性"信号"，和上面谈到的磁带一样，这种反映当时地球磁场情况的磁性"信号"也叫剩磁。因为这些剩磁是在岩石形成的时候形成的，所以，科学家们把它叫作原生剩磁。原生剩磁非常稳定，几亿年，甚至几十亿年都没有变化。这样，这些带有磁性的石头就悄悄地记下了那个时期地球磁

"指南鱼"可以说明大道理

场的方向，指出了地球当时磁南极和磁北极的位置。

在对岩石的原生剩磁进行研究的时候，科学家们发现，同一时代形成的岩石，它们所记录的当时地球磁场并不一样，有的差别还很大。按照这些岩石所指的方向，当时的地球就会有许许多多的南极和许许多多的北极。这又是为什么呢？因为地球只有一个磁场，同一时代的南极和北极只能各自有一个位置，不可能冒出几个南极和北极来。所以，岩石指出的地球磁场不一致，只能说明岩石形成之后，它的位置变化了、移动了，而不是当时的地球磁场有许多方向。

根据这个原理，科学家们可以恢复某个时期地球两极的位置，以及当时大陆、海洋的位置。这门科学就叫古地磁学。

● 给地球编写历史

很早以前，科学家们就开始试着给地球编写历史，但因为当时对地球的认识有限，尤其是连地球的真实年龄还没有弄清楚，所以，早期"编写"的历史是含混的、不清楚的。自从发现了利用放射性元素蜕变确定岩石和矿物年龄之后，地球的历史变得越来越清楚了。

地球的"年号"

要想编好地球的历史，就必须有明晰的纪年方法。我国现在采用的是公元纪年法，比如公元1999年，公元2000年。我国封建社会采取的是朝廷确定的年号来纪年，比如康熙33年、乾隆42年等等。那么，给地球纪年采用什么年号呢？

我们前面已经提到过，地球上大部分地方都覆盖着一层沉积岩，这些沉积岩是地球形成之后慢慢沉积而成的。不难理解，每一层沉积岩对应着一个特定的地球历史年代。因此，从18世纪下半叶开始，许多科学家针对世界各地不同的岩层，给岩层所对应的年代起了许多稀奇古怪的年代名称。比如，科学家在德国和瑞士交界的侏罗山里发现了一套比较完整的沉积岩层，就给这套岩层起名"侏罗系"，与这套岩层相对应的地质年代就叫"侏罗纪"；在英国的威尔士地区，古代曾经居住过名叫"奥陶"和"志留"的两个古老民族，科学家们就把在这里发现的两套岩层叫作"奥陶系"和"志留系"，与其相对应的地质年代就叫"奥陶纪"和"志留纪"；有一套岩层含有丰富的煤炭，科学家们就把这套岩层对应的地质年代叫作"石炭纪"，当然，这套岩层就叫"石炭系"；含有一种白垩土的岩层所对应的地质年代就叫"白垩纪"。关于这方面的事情，我们以后还会谈到，到时再看到这些古怪的名词时，你就会进一步明白是什么意思了。

化石记录下的历史

化石是残留在沉积岩层里、已经硬化了的地球历史上曾有过的生物遗体或其遗迹。比如，在地球历史上称霸一时的恐龙，它的遗体骨架被埋进沉积岩层经过漫长的地质年代，慢慢变成了石头，但骨架的原样却被保存了下来，这就是化石。同样，恐龙留下的脚印被固化之后，也是化石。

地球从没有生命的荒漠时代，到出现我们人类这样高级的智能生物，从原始的单细胞生物到高级的脊椎生物，每个年代的生物特点都不一样。所以通过岩石里的化石，我们可以知道地球历史上的很多东西。比如，不用放射性元素测量，我们就可以知道岩石的"老幼"，生物总是从低级向高级进化，而不会从高级向低级退化，因此含有高级生物化石的岩层一定比含有低级生物化石的岩层年轻。另外，地球生物的进化，从全球来看是基本同步的，所以，不管在地球上的什么地方发现含有相同类型化石的岩层，都可以确定这些岩层是在同一地质年代产生的。

此外，生物的生存、进化以至消亡，总是和一定的环境条件有关系。比如鱼类，肯定生活在海洋或者湖泊中，食草类动

生命进化的"史书"——化石

物肯定生活在陆地上。所以根据化石，还可以分析与化石所对应的地质年代的地貌、气候等情况，帮助我们了解地球历史上的有关情况。所以，可以这样讲，化石是大自然写下的地球历史。

被隐没的地球年代

化石只能反映地球有了生物之后的年代情况。地球上还有许多不含化石的岩层，它们代表的是地球没有生物活动的年代的情况。这段地球历史，在没有发现放射性元素蜕变记录矿物年龄的方法之前，科学家们并不清楚。等测量出这段年代的长短之后，科学家们大吃一惊，这段被隐没的年代竟长达近40亿年，几乎占了整个地球历史90%的时间。但随着更古老化石的发现，这段时间已大为缩短。为了弄清仍被隐没的地球历史，科学家们采取了许多方法，直到今天，科学家们还在向这段地球历史进军，争取把这段历史的谜底彻底揭开。

地球"编年史"

经过长时间的艰苦探索，科学家们终于给地球写了一部编年史。科学家们认为，大约距今46亿年之前是地球的形成时期，这个时期科学家们把它称为"地球的天文时代"；距今46亿年前到25亿年前之间是太古代，这时开始出现最低等的原始生物；距今25亿年前到5.7亿年前，叫元古代，在这一时期海生的藻类开始出现；距今5.7亿年前到2.3亿年前，称为古生代，这一时代从老到新又分为寒武纪、奥陶纪、志留纪、泥盆纪、石炭纪、二叠纪。在古生代这一时期，海洋中大量无脊椎动物和鱼类，陆生的孢子植物和部分裸子植物出现；从距今2.3亿年前到6500万年前，称为中生代，从老到新又分为三叠纪、侏罗纪、白垩纪，这一时期是恐龙等爬行动物统治地球的时代，茂密的裸子植物繁盛，被子植物开始出现；从距今6500万年前到现在，称为新生代，这一时代被分成第三纪、第四纪两部分。第三纪是哺乳动物大发展的时代，第四纪人类开始逐步进化为智能生物，并逐渐统治世界。在整个新生代，裸子植物基本消失，被子植物成为植物界的主宰。

地质年表

代		纪	距今年数（百万年）
新生代		第四纪	1.6
		第三纪	65
中生代		白垩纪	137
		侏罗纪	195
		三叠纪	230
古生代	晚古生代	二叠纪	280
		石炭纪	345
		泥盆纪	400
	早古生代	志留纪	430
		奥陶纪	500
		寒武纪	570
元古代		震旦纪	800
			2500
太古代			4600

三、不断成长的地球

● 洪荒的年代

从前面我们已经知道，地球大概已经有46亿年的历史了。那么，地球是怎么形成的呢？它原来就是这个样子吗？

科学家们认为，地球是由银河系内发生的一次大爆炸所造成的星云物质尘埃，经过长时间的凝聚，大约在46亿年前形成的。最初，星云物质先是组成环绕着太阳运行的薄薄的圆环，然后分裂积聚成许多直径几千米或几百千米的微星，轨道相近的微星相互之间相对运动的速度很低，有机会在相互碰撞的过程中结合成越来越大的行星，最后终于形成了包括地球在内的行星。而且，人们还认为在距今46亿年前，地球的质量已经与现代地球的质量很相近了。

科学家们认为，在开始的时候，星云物质的温度是非常低的，一般在-263～-173摄氏度，在凝聚过程中，它们会不

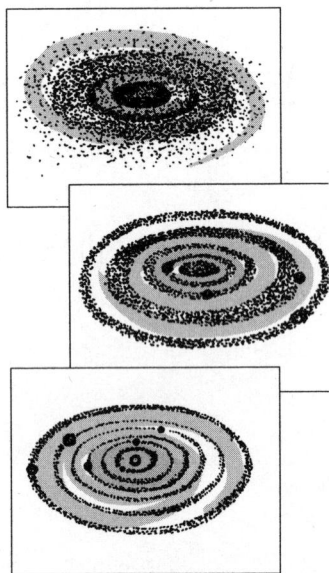

太阳系诞生示意图

断释放出大量的能量，再加上内部放射性元素衰变所释放出的能量，遂使初始的地球温度渐渐升高，最后形成了黏稠的熔融状态。但是，这时候的地球还只是许多微星的集合体，所以科学家们称之为"原地球"。"原地球"在不断的引力收缩和内部放射性元素衰变产生热的作用下，不断受到加热。当"原地球"内部温度达到足以使铁、镍元素熔融的时候，铁、镍（可能还携带着一些比较轻的元素）迅速向地心集中，这样就形成了地核；较轻的物质渐渐悬浮到地球的表层，成为地壳；介于两者之间的则构成了地幔。

就这样，地球初步具备了所谓的层圈结构。而最原始的地壳是在40亿~38亿年前形成的。地球以其地壳的出现作为分水岭，在此之前处于天文时代；在此之后则进入了地质时代。一般人们谈论的地球演化，实际上是讲述"地质时代"的历史。

那么，科学家们为什么认为地壳是形成于40亿~38亿年前呢？实际上，这是因为科学家们在格陵兰岛北极圈西南部的地方，发现了距今38亿年前的最古老的岩石。那么，地球开始的时间46亿年前又是怎样知道的呢？

瞧！这块石头就是距今38亿年前最古老的石头。

岩石的形成表明地球进入了地质时代

我们知道，地球作为太阳系的一员，它的起源与太阳的起源是密不可分的。而且，太阳系中的其他行星，诸如八大行星的年龄也应与地球的年龄基本一致。另外，我们不应忘记的是还有月球，月球作为地球的卫星，它的出现与地球的诞生也应该差不多。

1967年9月，美国阿波罗11号载人宇宙飞船到达月球以后，采回月岩标本，经科学家们做同位素年龄测定，表明月球已经存在46亿~47亿年之久了。

早期的地球形成以后，它便开始走上了自己独立的发展道路，随之就是原始地壳的改造和大气圈和水圈的形成。就现在所知，初始的大气和水的来源有两个：一个是火山作用产生的，另一个是陨石带来的。与月球早期演变的情况相对照，科学家们推测地壳所经受的大量陨石撞击和普遍火山作用的改造也是距今40亿~36亿年前。而且，科学家们还认为，在距今33亿年前在地球上又有一次剧烈的火山作用。

● 地球的童年

　　如果有人问你："地球的边界在哪呢？"你可能会说："海洋的海面，陆地的地面不就是地球的边界吗？"这样的回答是不正确的。地球海洋的海面、陆地的地面，它们分别只是地球液体和固体部分的表面，也就是我们平常说的地球表面，这远不是地球的边界。千万不要忘记，地球还有很重要的一部分，那就是我们一刻也离不开的空气，也就是紧紧包裹在地表外面的大气。

　　如果我们把地球上陆地和海洋围起来的"圆球"叫作地球的"身体"的话，那么，大气层就是穿在地球身体上的"外衣"。可不要小瞧了这层"外衣"，它不仅是我们人类呼吸的"氧气库"，而且是我们人类的"空调机"和"保护伞"。

　　空气虽然是一种看不见、摸不到的东西，但它与我们人类的呼吸息息相关，离开空气我们人类一刻也活不了，所以人类很早就已经觉察到了空气的存在，并对它进行了研究。2000多年以前，古希腊人曾经猜想，世界是由水、火、土和气四种最基本的东西组成的，在土地和海洋的外面包裹着的就是"气"。他们把这四种最基本的东西叫作"原质"，意思是说这四种东西是组成世界的最基本的原材料，希腊人在这里讲的"气"，指的就是空气。我国古代科学家把空气看得更重要，认为"气"是"万物之本"，认为一切东西都是由"元气"变成的。古人的这种认识当然是不全面的，它们把空气看成是一种东西了。现在科学家们已经证明：地球的大气层是一种混合气体，其中氮气占78%，氧气占21%，二氧化碳占0.03%，此外，还有少量的水蒸气和微量的臭氧、氩、氖、氦、氪、氙和甲烷等。这样的大气成分在太阳系中是独一无二的。尤其是其中的氧气占21%，成了我们人类呼吸的"氧气库"，正是因为这样，我们大家才存在于这个世界上，地球上也才有了万物生长。太阳系中的其他星球，仍然是死寂的世界，甚至是在远至银河系之外，科学家们也没有发现任何有生命的迹象。

空气不仅为我们人类提供了"氧气库"，同时还是我们的"空调机"。我们知道，在太阳系的其他星球上，昼夜温差往往很大，当太阳曝晒的时候，温度很高；而当太阳晒不到的时候，温度就会急剧下降而变得很低。为什么我们地球上不是这样呢？原来这就是大气的作用。大气像空调机一样，不断地把热空气吹到冷的地方，而又把冷空气吹到热的地方，就这样使得地球上的温度变得均匀、协调，非常适合人类的活动。

我们知道，在茫茫太空中游荡着许多的小行星，它们受地球的引力作用经常会"造访"我们的地球，如果没有大气的阻挡，这些"空中飞贼"就会长驱直入，给地球和我们人类造成伤害。有了大气就不用害怕了，多数小行星在没有落到地面之前，就因和大气摩擦而烧毁了。此外，太阳发出的紫外线以及宇宙的各种射线，都会对人类造成伤害，大气把这些有害的东西都挡住了，使人类免受其害。因此，大气是名副其实的"保护伞"。

看来大气对人类的用处还真多呢！那么，地球上的大气是怎样形成的呢？

科学家们认为，在地球形成的初期，由于地球本身的不断收缩、放射性同位素衰变以及陨星的撞击，使原来冷凝的地球迅速升温，原始地球处于熔融状态。出现层圈分离时，一些被禁锢在物质中的各类气体被释放到了地球表面，其中有氨、甲烷、水汽和含硫气体等。此时因地球的引力很大，除氢气和氦气可能有部分逸散外，其他的气体由于地球的引力已不再跑掉，于是出现了含甲烷、氨气和水汽的原生大气。

大概到了距今38亿年前以后，由于陨星撞击作用非常强烈，原始而薄薄的地壳又极容易被击破，导致火山爆发异常频繁，于是地球内部的气体随着火山喷发而充实到大气中来，形成了次生大气。次生大气的成分与现代火山气体相似，包括二氧化碳、一氧化碳、氮、氩、氦、甲烷和氨气以及含硫、氟、氯等的气体。此时的大气，仍无游离的氧气。这一点科学家们从太古时代留下的大量条带状磁铁石英岩以及加拿大、南非等地区所产的沥青铀矿碎屑岩等的成因得到证明。

条带状磁铁石英岩石由于厌氧性细菌的大量繁殖，吸收溶解于海水中的铁脂质，当细菌死亡后，铁屑沉淀下来就形成了铁矿。我国鞍山铁矿就属于此类铁矿，此类铁矿占全球铁矿储量的90%左右。可见早期厌氧菌大量繁殖时的地球是没有氧气的。那么，现代空气中游离的氧气又从何而来呢？实际上，这些氧气是由于空气热解后以及后来绿色植物的光合作用产生的。游离氧的出现，从根本上改变了大气的成分，于是氧化作用也就出现了。此时，大概已经到了距今30亿年前了。

除了空气之外，和其他生命一样，人类最离不开的就是

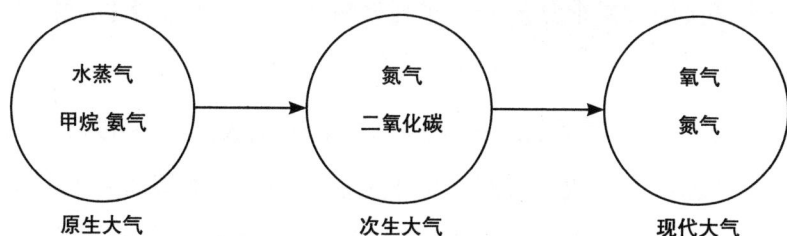

水蒸气 甲烷 氢气	→	氮气 二氧化碳	→	氧气 氮气
原生大气		次生大气		现代大气

水了。据科学家们研究，人不吃饭只喝水可以坚持7天，但如果不喝水的话，最多只能活3天。据说，2000多年以前，波斯帝国的一支5万多人的军队神秘地失踪了，后来发现这支军队不是死在神秘的刀枪之下，而是被活活渴死在利比亚大沙漠里。实验证明，我们人体内有近2/3的东西是水。不用说皮肉，就是骨头里面也含有40%的水。科学家们还证明，人失去一半的蛋白质还不至于死亡，但如果失去1/10的水，生命便岌岌可危了。而我们的地球恰恰为我们人类的生存提供了水。

　　然而，科学家们发现，最初的地球不仅没有空气，而且也没有水。那么，目前占地球表面71%的巨大水体又是从哪里来的呢？最初的地球没有空气，水不可能从天而降。科学家们认为，最初的水与原始气体一样只能从地下喷发出来的岩浆中获得。也就是岩浆内部的结晶水，通过火山喷发作用到达地球表面而聚积起来。比如，现代火山喷发的气体中约有3／4即属于水蒸气。

　　科学家们研究发现，地球在形成的最初5亿年里，放射性元素十分丰富，产生的热量很大，地球内部排放气体的速度比较快，火山喷发很强烈，几乎随处可见，所以原始水也就较快地积聚了下来。

　　另外，科学家们还可以从地球最早出现沉积岩的时间来推测地球水圈形成的时间。科学家们发现了在俄罗斯克拉半岛山距今35亿年前形成的变质岩系中沉积形成的石英岩；南非35亿年前形成的超镁铁质岩石中亦含有沉积形成的钙质岩层。因此，科学家们认为35亿年前地球上就开始出现水圈，沉积作用也开始发生。不过，由于这些早期的沉积岩还经过了风化、侵蚀、搬运、沉积等一系列过程，因此，水圈出现的时间应该还向前推移，科学家们估计在距今40亿年前后。

　　当然，最初的水圈里水量是很少的，科学家们认为那时的水量仅相当于现在水量的1／10。而水量的迅速增加也许要到距今20多亿年前，因为那时的沉积岩分布已经非常普遍了。这个时期水量之所以增加是因为此时的地球外层温度逐步降低，为天空降水也创造了条件，于是地表出现了比较集中的水体。又由于地壳表面的起伏不平，在低洼处聚集积水，这样海洋、湖泊、河流也就由此诞生了。

那么，最初出现的水质是不是与现在的水质是一样的呢？实际上，原始水来自火山喷发，可以想象到水中溶有酸性的气体，所以当初的水应该是弱酸性的。有了水以后，也就必然有了降雨，那时的雨水也堪称是酸雨了。但这些酸雨降到地面后，就会溶解地壳表面的岩石，从而形成含二氧化硅的溶液，再加上火山喷发出的二氧化硅，这样就导致了当时的沉积岩中多硅酸盐岩类的沉积。

最初的水圈中没有什么无机盐类，味道是淡的。但随着时间的推移，岩石经过雨水的冲刷、风化作用，使其中的许多物质溶解到了水中，这样水中便有了较多的离子成分，也包含组成食盐的氯离子和钠离子，当然水也就逐渐变咸了。随着地壳的不断演化，海水的咸度也在逐渐增加。地球最

最初的水质与现在有很大的不同

与众不同之处就是它诞生了生命。就目前科学家们的研究来看，地球是太阳系中唯一能够产生生命物质并且使生命繁衍进化的行星。当然，科学家们并不能排除在太阳系之外的其他行星中有生命，甚至有更灿烂科学文化的生命的可能性。

过去，人们认为地球的生命开始于古生代，即距今5.7亿年前。但是，科学家们研究发现，远在30多亿年前，地球上的生命就已经出现了。尽管经过了漫长的时间，早期生命的痕迹极为稀少，但科学家们凭借他们的智慧仍然探索到了许多令人称奇的信息！而这些也就足以让人们了解当时的地球地貌了。

让我们先看看地壳的演化。目前世界上最古老的岩石分布相当有限，大致可见于南非、波罗的海沿岸、澳大利亚西部、西伯利亚、北美大湖区以及中国的华北地区。它们组成了陆地的核心，有人认为这就是最早的地质板块，好似大地的核心，所以也称为"陆核"。"陆核"代表了地壳最稳定的部位。这些陆核上的岩石，几乎全由呈深色、密度较大的基性岩和酸性花岗岩以及深度变质的沉积岩组成。不过这类岩石的出现大致也有一些顺序：在距今约40亿年前最早期的岩石

大陆是由这些"陆核"变来的

与"洋壳"（大洋底部深入到岩层内）基本相似，那时的地壳很不稳定，强烈的火山喷发仍在继续；而在距今30多亿年前，地壳里可见到酸性花岗岩类岩石的入侵，这时"陆壳"性质的岩层正在增长，终于增大了古陆核的范围。这种入侵活动从最早距今35亿年前开始至距今25亿年前结束，贯穿整个太古代，它是通过几次大的地壳运动来实现的。至此，从地球的诞生到地壳的初步形成，水圈、大气圈的出现，地球已经度过了它的童年时代。

● "羽毛渐丰"的地球

地壳初步形成以后，随之地球进入了元古代（距今25亿~5.7亿年前），虽然早期形成的古陆核仍继续存在，但面积较小，而且彼此之间并不相连，它们好像海洋中的孤立的岛屿。也就是说，尽管这些岛屿地壳是稳定的，但其周围的其他地壳却仍然活动剧烈，在一些活动剧烈的地壳中发育了较厚的沉积岩层，它们的基本成分是由硅质类岩石并夹基性的火山岩组成。它们最厚的可达3万米之多。到了距今约17亿年前，出现了一次最有意义的稳定大陆的形成事件，使古陆的范围进一步扩大，经过这次事件以后，大陆差不多已接近了现在的规模。也就是说，较大面积的稳定区出现了，地壳上强烈的火山活动，至此也暂告一段落。然而，这些新形成

元古代时原地台的分布

的大陆岩石圈还比较薄弱，还没有达到真正的稳定。实际上，地球表面出现了比较稳定的地区和相对比较活跃的地区。科学家们将这个时期的大陆岩石圈叫作"原地台"，意思是区别于以后形成的真正的地台。所谓地台就是地壳上比较稳定的地区，它与地壳上强烈的活动地区即所谓的地槽相对应而存在。地槽就是在地台内部和周边还发育着长条形的活动区域。

这之后，地壳的运动方式也明显地表现出"板块运动"的特点。随后，大陆地壳不断增厚，大陆板块发生分裂、漂移、并接等现象。科学家们研究发现，从地球大陆增长过程来看，自从距今30亿年前最初的陆核形成以来，稳定大陆增长的速度一直是比较慢的，随着地质演化历史的进程，这一速度有加快的趋势。到了距今约17亿年前的时期，稳定大陆的面积在相对较短的时间内却大大增加，给人一个特别突然的印象。如果我们再考虑到距今17亿年前以后的地质演化历史，那么，发生在距今约17亿年前的这次稳定大陆增长事件就显得更为突出。因为从距今17亿年前以后直到现代的地质演化，稳定大陆的面积虽然还有所增加，但增加的规模已经很小了。

科学家们并没有找到这一规律出现的原因，但他们一般认为主要是由于地球演变的内能所决定的。对稳定大陆增长规律的认识在地球演变历史的研究中是非常有意义的。因为地球演变历史中，古地理、古气候的变迁，生物界的演化，以及水圈、大气圈无不受到岩石圈演变的影响和支配。现在让我们先看一下北美大陆是怎样由陆核逐渐扩大的吧！

科学家们发现，年龄最古老的岩石占据了大陆的中部，它们被年龄比较小的岩石所环绕。越向外去，岩石的年龄就越小，这样一圈圈地扩大开去。岩石年龄这样有规律地分布证实了科学家们早就提出的大陆扩张理论，即大陆在地质演变过程中是由中心向外一圈圈地增长，使大陆不断扩大的。

而到了距今14亿年前至8亿年前这段时间里，发生过一些不同规模的地壳运动，随后就趋向稳定。至此，自地

不断演变的北美大陆（数字单位：亿年）

球形成以来的强烈地壳运动终于告一段落。

● 古生代时期的地球

从古生代开始，地球上的生命进入了空前繁荣的时期，数量之大，种类之多也是前所未有的。因为从这个时期开始出现了大量的有钙质和硅质骨骼的生物，其中许多的生命已成为保存得很好的化石，所以最初人们认为那个时期是地球生命的开始。现代科学已经证明，古生代作为最古老生命的时代已经名不副实了。但这个时期的生物与后来的生物相比仍显示出了很大的不同，这也是古生代划分的由来。

古生代是指距今5.7亿~2.3亿年前的这一段时期，它持续了约3.4亿年。尽管古生代与古生代之前的时期相比，时间短了许多，但因为距今时间更近以及生物化石的空前增多，所以科学家们对古生代的研究要详细得多。

地球经过了几十亿年的演变，进入古生代后，大气圈、水圈、岩石圈的物质结构和组成与今天的地球相比已经相差很小了。古生代的地层总的来说可以分为上下两层，就地质年代来说，也就是可以把古生代分为早、晚两期。早古生代包括寒武纪、奥陶纪、志留纪三个纪，从距今5.7亿~4亿年前，持续了1.7亿年的时间。晚古生代包括泥盆纪、石炭纪、二叠纪三个纪，从距今4亿~2.3亿年前，这段时间大约也持续了1.7亿年的时间。

那么，早古生代的寒武纪、奥陶纪、志留纪这三个纪是怎么确定的呢？

早在1833年，英国科学家薛知微在研究英国威尔士地区的古生代地层时，为这一地层用一个古代地名"寒武"命名。但不久，与薛知微一起研究这片地层的另一名英国科学家莫企逊却提出了异议。在1835年，莫企逊用另外一个名字"志留"来为这片地层命名，"志留"是曾经居住在威尔士地区的一个古代民族的名称。后来的科学研究表明，薛知微命名的寒武系的上部与莫企逊命名的志留系的下部是同一地质岩层。直到1876年，另一位英国科学家拉普华斯提出了新方案，才把这一混乱局面得到解决。拉普华斯保留了寒武系、志留系的名称，但是它把寒武系限定在古生代的下部地层，把志留系限定在古生代的上部地层，而把薛知微命名的寒武系与莫企逊命名的志留系两者重叠的部分另立新名"奥陶系"。与"志留"一样，"奥陶"也是曾经居住在威尔士地区的一个古代民族的名称。

之所以会发生以上混乱，还有一个重要原因就是，英国威尔士地区古生界地层的厚度很大，而且地质构造的作用非常强烈，因此就不容易区分。

知道了早古生代三纪的划分，我们再来看看科学家们对晚古生代又是怎样划分三纪的。

从上面我们已经知道，晚古生代包括泥盆纪、石炭纪和

		志留		志留
寒武				奥陶
				寒武

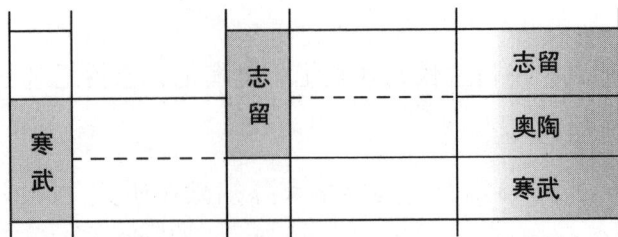

早古生代地层划分的几种方案对比

二叠纪三个纪，这三个纪的取名也有各自的由来。

"泥盆"取名于英国西南部的一个郡的名字，它也是由薛知微和莫企逊建立的，时间是在1837年。"石炭"则是因为这一时期的地层普遍含有煤层而得名，它是在1882年建立的。二叠纪的命名是因为德国的这一时期的地层明显地分为上下两层。但是，特别需要提及的是，二叠系在国际上叫作"彼尔姆系"，这是因为二叠系地层的标准剖面在俄罗斯的乌拉尔山西坡的彼尔姆州，它是1841年由莫企逊确立的。

知道了早古生代和晚古生代的地质划分，我们再来看一下它们那个时期的地球是怎样变迁的。

从前面我们已经知道，地壳形成以后就会出现海洋。不过当时的海水很浅，几块小岛状的古陆散布于海上，随着地壳的变动，小岛状的陆地不断扩大，地壳的厚度也随之增加。到了距今8亿~6亿年前，由于地壳经历了一系列的变动，以古陆为核心的地台又不断扩张，小岛状的陆地终于融合在一起，地球上就这样首次出现了一个"泛大陆"（全世界仅有一块完整的陆地，其面积很大），泛大陆周围被"泛大洋"包围着。这个时期的地球表面地势高峻，面积扩大，天寒地冻。但好景不长，从寒武纪开始（距今5.7亿年前），以古陆为核心的相对稳定的地台区经过长期的地质运动和风化、剥蚀等外力作用逐渐夷平后，地势又逐渐趋向平缓。这样低洼的地方又屡次被海水浸入，广阔的浅海不断扩大。这种情况也影响了古气候，使它变得更加温和了。阳光灿烂的海滩、海水淹没的大陆架和浅海空前广阔。正是在这样的环境里，海洋植物和动物得到了稳定的生活条件，大大繁盛起来。寒武纪是地球上最早出现我们现在可供利用的煤的时期，如我国南方寒武纪岩层里的一种叫石煤的劣质煤就是由生活在滨海、浅海的海生植物遗体大量聚集、石化而形成的。大量生物遗体的埋藏还形成了农用肥料——磷矿层。

从我国早古生代的历史可以看到，海洋向古陆的侵入是逐步扩大的，到了奥陶纪达到了最大。此后又逐渐后退，不仅原来被淹没的古陆露出海面，甚至在这些古陆周围的海底也变成了陆地。这一规律，全世界各地的海陆变迁基本是一致的。这是因为引发海水入侵的原因是由于当时大洋中脊的海底扩张，即当时地幔的熔融物质从裂谷中涌出，熔岩在裂谷的两侧越积越多，终于形成了高山。这样就引发海水向其他地势较低的陆地侵入。这高山有时甚至比现在世界上的珠穆朗玛峰还要高大，不过在海洋中也仅仅表现为岛屿。

我国的华北地区在早古生代时期的经历就是不断遭受到海水的侵袭，当华北地区陆块稍有下降，海平面相对升高

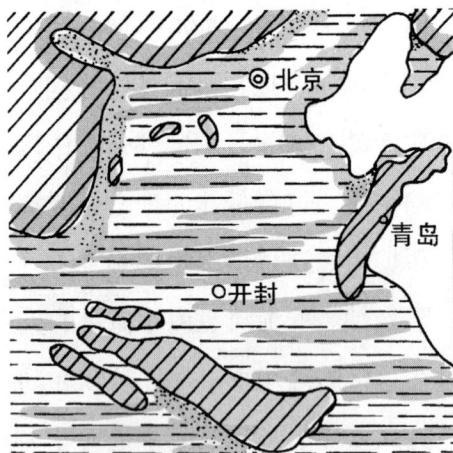

华北地区早古生代海侵示意图

时，从现代的东海之滨到太行山地区都是一片汪洋。当这一地区的地台稍微升高，广大的古华北地区就会重新露出水面。从寒武纪到奥陶纪，这样的过程不知经历了多少次。

然而到了志留纪的末期，情况又发生了变化。在志留纪的末期，即距今约3.8亿年前，古欧洲大陆和古北美洲大陆由于大陆的相向漂移，发生冲撞，致使其间的加里东海消失，将古欧洲大陆和古北美洲大陆连接在了一起，这就是所谓的"加里东运动"。这次地质变化，也是古生代最重要的地壳大规模运动。

早古生代的地台因为受到"加里东运动"的影响，这个时候地台周围和地台之间的地槽先后发生了翻天覆地的变化，原来低平的地区重新被抬高，简单的地貌又变得复杂起来。大片的海水从地台上退去，原来基本上水平的沉积层，经过这场变动之后，有的地方发生了倾斜、皱褶，有的地方发生了断裂。但是，更为剧烈的运动发生在地槽里。

地槽是呈长条形状的区域，地槽刚开始形成时表现为大幅度地下陷，在下陷的同时接受从上升地区剥蚀来的岩屑，再加上来自地下的火山物质，所以地槽里往往有巨厚的堆积物。地槽发育的后期，强烈的构造运动可使地槽里的沉积岩层和火山岩层产生剧烈的皱褶和断裂破坏，同时由大量的来自地下的岩浆侵入，就形成了我们很熟悉的一种建筑材料——花岗岩。如果一部分岩浆沿着断裂上升到地表，就会形成壮观的火山爆发。地槽晚期的强烈构造运动之后，地槽就从下陷海槽转变成了雄伟的山系——皱褶带，从此就渐渐趋向稳定。

早古生代地槽经过加里东运动之后，就转变成了稳定的皱褶带，并且镶嵌在地台的边缘。英国的加里东地槽位于古老的东欧地台的西北边缘，经加里东运动之后，东欧地台向西北方向扩大了。

我们再来看一下我国的祁连山的诞生。在元古代晚期的时候，祁连山地区只不过是一条海槽中的孤立的小岛，这条海槽接近东西走向，它的南面为柴达木板块的北缘，北边为华北板块西陲延伸的阿拉善地块，海槽的

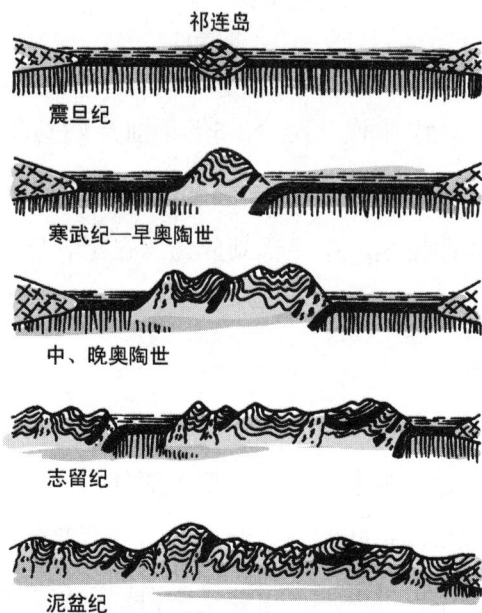

祁连岛

震旦纪

寒武纪—早奥陶世

中、晚奥陶世

志留纪

泥盆纪

我国西北地区祁连山的诞生过程

中央就是孤立的中祁连岛。

从寒武纪开始，海槽两边的两个板块，即柴达木板块和阿拉善板块开始相向漂移，于是在中祁连岛南北两侧被挤压，海边的沉积地层被压得发生皱褶和断裂，并俯冲于岛下。到奥陶纪时，两大陆继续相向运动，海槽面积进一步缩小，而祁连岛的面积则进一步扩大，附近海地则变成了新的山脉。随后来自地幔的花岗岩浆侵入到新山系之内，到泥盆纪时，所有的海槽完全消失，雄伟的祁连山终于出世。这个山系的形成，前后共经历了2亿年的时间。

● 中生代时期的地球

中生代从距今2.3亿年前开始到距今6500万年前结束，延续了大约1.8亿年的时间。中生代由于处于古生代和新生代之间而得名。中生代划分为三叠纪、侏罗纪、白垩纪三个纪。与古生代的三个纪一样，中生代三个纪的名称也各有自己的由来。

三叠纪这个名称是因为这个时期的地质标准剖面在德国明显地分为上、中、下三个部分；"侏罗"这个名称则来自于法国与瑞士两国交界的侏罗山；白垩纪的得名则是因为，在欧洲这个时期的地层主要是由白垩沉积起来的。

中生代三个纪的具体划分是：三叠纪是从距今2.3亿~1.95

亿年前、侏罗纪是从距今1.95亿~1.37亿年前、白垩纪是从距今1.37亿~6500万年前结束。

我们前面已经谈到，古生代岩石圈演变的总趋势是地台区不断扩大，而且到了古生代末期，稳定的大陆已经连成一片，形成了一个"泛大陆"。但是中生代开始以后，地球的发展演变出现了新的转折。泛大陆又开始逐步解体了，各个陆块逐渐趋向于漂移到我们现在所见到的位置。岩石圈又经历了一系列的重要变动。那么，它们是怎样变动的呢？

科学家们研究发现，中生代开始时期的地球表面，泛大陆被一整块水体包围着。但经过二三千万年的演化，到了三叠纪末期，在北美洲和南美洲之间以及欧亚大陆和非洲之间开始出现了裂缝，陆块之间开始了相互移开。

又过了五六千万年，到了侏罗纪的晚期，各个陆块又进

古生代末期形成的"泛大陆"

一步分裂。特别值得注意的是，在此时，位于北美和欧亚大陆之间、南美和非洲之间产生了一条大体上是南北方向的巨大裂缝，陆块开始向两边移开，海水逐渐侵入，这就是未来的大西洋。

又过了7000万年，到了白垩纪的晚期，情况又有了进一步的变化，各大陆继续相互移开，最显著的就是南美洲和非洲之间的距离加大，也就是说南大西洋有了明显的扩张。

大家看到这里不禁要问：上面这些所谈到的中生代大陆分裂的历史是根据什么得出来的呢？情况果真是这样吗？地壳分裂的原因又是什么呢？要回答这些问题可不是一件容易的事，科学家们对这个问题的认识也经过了长期的探索，就让我们从头说起吧！

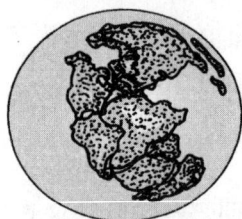

2亿2000万年前
（三叠纪）的大陆

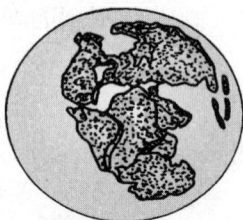

1亿6000万年前
（侏罗纪）的大陆

1亿2000万年前
（白垩纪）的大陆

地球大陆的演变过程

● 魏格纳的大陆漂移假说

在今天的世界地图上，我们可以看到，大西洋两侧的欧洲、非洲大陆的西缘和北美、南美大陆的东缘轮廓线十分相似。两侧的大陆，包括隐藏在海平面以下的水下部分，就好像是曾经拼合在一起，后来被某种巨大的力量撕裂、拉开一样，以至于现在隔着一个宽达6400千米的大西洋。

自从第一张比较精确的世界地图于16世纪问世以来，这个现象就曾激发了不少人的探索和思考：大陆是否曾经发生过分裂和水平方向的大规模移动呢？

最早提出这个问题的是17世纪英国的哲学家弗兰西斯·培根。在此后，仍不断有人提出过类似的问题，但是，提出比较系统的科学假说的，却是德国的科学家魏格纳。

魏格纳寻找他当时所能收集到的所有证据，包括地质、地球物理、古气候、古生物等有关资料，来证明世界的大陆曾经联系在一起，后来又逐步分裂、漂移到现在所处的位置。魏格纳将他的大陆漂移假说于1912年写成论文，1915年又增订成书出版，书名叫《海陆的起源》。《海陆的起源》

魏格纳揭开了人类认识地质运动的序幕

用较为简单、容易被读者理解的叙述方式揭示了大量地理、地质现象。此书在20世纪20~30年代风靡一时，曾被翻译成多种文字。魏格纳的大陆漂移假说也因此得到了广泛的传播。

魏格纳不仅发现大西洋两岸的轮廓线非常相似，他更注重分析其他方面的资料。在魏格纳那个时代，古生物研究已经表明，南半球的几个大陆上，石炭纪时期的爬行动物中，有64%的种是相同的。到了三叠纪时期，也就是假定南半球的几个大陆已经分裂了一定时期之后，几个大陆上爬行动物中共同的种数已经下降到了34%。另一个事实是，一种生活在二叠纪时期的叫作古羊齿的植物群，在南半球的几个大陆上（包括印度）是共同的，但在世界其他地方却没有这个植物群。这个事实最合理的解释就是，推测二叠纪时期这几个大陆曾经是连在一起的。

大陆漂移假说的另一个根据是古气候的资料。魏格纳的那个时代，科学家们已经知道，石炭纪、二叠纪的时候，南半球的几个大陆都曾经发生过广泛的冰川活动。魏格纳认为，南半球各大陆上的冰碛原来都是相连的。他还发现，代表古赤道气候的由热带植物形成的煤和盐类沉积却跑到了今天的高纬度寒冷地区，而代表古寒冷地区的冰碛却跑到了今天的赤道地区，这些事实证明大陆在地质历史上曾发生过移动。

那么，大陆为什么会发生漂移呢？或者说大陆漂移的动力是什么呢？限于20世纪初地球科学发展的水平，魏格纳没能很好地解释这个问题，所以它的假说曾一度受到了人们的冷落。但是，随着20世纪50年代古地磁研究的兴起，又掀起了一股复活大陆漂移假说的浪潮。

在前面谈到古地磁时我们已经知道，受地球磁场的影响，岩石形成的时候，内部的磁性物质的磁场就会按照当时地球磁场的方向分布，并固定下来。这些岩石的磁性是在岩石形成的时候形成的，磁性非常稳定，几亿年甚至几十亿年都不会变化。这样这些带有磁性的石头就可以指出当时地球的磁场的方向。因为地球只有一个磁场，所以磁石的磁场方向应该一直不变。但事实是，科学家们发现同一时代形成的岩石，它们所指的当时地球磁场的方向并不一致，有的差别还很大。这只能说明岩石形成以后，它的位置变化了、移动了，而不是当时的地球磁场有许多方向。

尽管古地磁研究的结果使

科学家们用电脑将大西洋两岸进行拼接

人们开始重新认真对待魏格纳的大陆漂移假说，但大陆怎么能自己漂移呢？这个曾经难住魏格纳的问题依然没有得到很好地解决。所以人们对大陆漂移假说仍有很大的争论。但是随着科学技术的进步，人们发现了更多的隐藏在大洋底部的秘密，地球深部探测也取得了重要的研究成果，困扰魏格纳的难题也就迎刃而解了。

● 赫斯的海底扩张理论

到了20世纪60年代，隐藏在大洋底部的秘密逐步被人们揭开了。首先是世界洋脊体系的发现。科学家们发现，神秘莫测的洋底世界中存在着大洋中脊，这些大洋中脊平均宽达二三千米，全世界的洋脊体系全长8万多千米。在20世纪50年代科学家们已经知道，在洋脊的中部存在着一个裂谷，沿着裂谷带，有一条狭窄的然而也是连续分布的现代

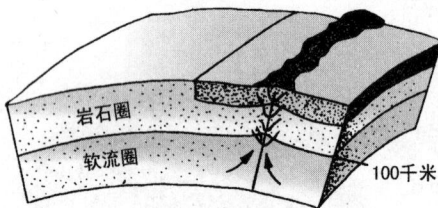

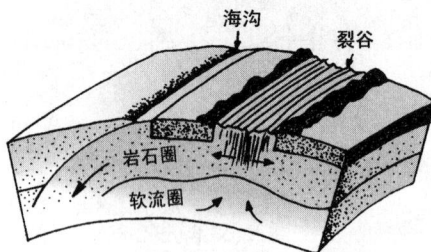

海地扩展示意图

地震活动带，这说明洋脊轴的扩张作用仍在进行中。

　　提出海底扩张理论的是美国普林斯顿大学的赫斯教授。赫斯1960年发表了一份叫作《海洋盆地历史的报告》的报告。在这份报告中，他认为热的、具有一定塑性的物质从下面的软流层中上涌，通过岩石圈里的裂缝，在未来的洋脊轴部侵入形成新的洋底，并且使大陆壳裂开。经过一定时期后，新的洋底就不断加宽，已经裂开的大陆壳被带到离大洋裂谷更远的地方。

　　赫斯的海底扩张理论就好像一锅煮沸的粥。当然，软流层物质并不像我们日常生活中所熟悉的液体，它是一种接近熔化的岩石。假如它以每年几厘米的速度运动着，这种发生在漫长地质历史进程里的运动，总的效果就能达到几千千米的距离远了。

赫斯的海底扩张就像煮沸的一锅粥

由于密度比较小的岩石所组成的大陆地壳相对比较轻，所以它总是浮在上面，从而随着整个岩石圈运动。这就好像粥锅里浮在表面的泡沫，总是随着粥的对流被从中心带到锅边去。到了这里，应该说魏格纳板块漂移的动力问题似乎容易理解了。

● 板块构造学说的诞生

在上面我们已经知道，大洋裂谷的不断扩张，使得大洋岩石圈不断产生，老的大洋岩石圈向外不断移开，大洋在扩张。长此下去，地球的体积不是会越来越膨大了吗？

就目前人们所掌握的地质和地球物理资料来看，还没有任何理由说地球的体积在地质历史上有过很大的膨胀。所以，人们就推测不断增生的岩石圈在地球的另外一些地方又重新回到了软流层中。

20世纪中叶，科学家们就已经发现，伴随着海沟有一个连续分布的地震带。在地球表面上看，这个地震带的宽度有几百千米，而更重要的一点是，靠近海沟的地震震源比较浅，从海沟向大陆方向去，地震的震源则逐渐加深，最深处可达到700千米左右。从剖面上看去，这些震源刚好位于一个从海沟向着大陆下面倾斜的带上。

到了20世纪60年代末期，海底扩张理论已被大多数科学家所认可，这时大陆漂移也就变得容易被理解了，大洋岩石圈消失的问题也就提了出来。所以，上面谈到尽管大洋中脊不断有新的洋底岩石圈产生，但地球也不会膨胀，它是以大洋老的岩石圈重新回到软流层中而实现的。这使人们很自然地想到，正是由于大洋岩石圈的下插运动引起的摩擦才导致了与海沟相伴的地震带的形成。就这样，由于海底扩张学说和大陆漂移学说的结合，诞生了能系统地阐述地球上曾发生的各种运动的理论，这就是板块构造学说。

科学家们认为，地球的岩石圈实际上并不是一个连续不断的整体，而是被分为几块。也就是说，地球的岩石圈实际上是被分为若干个板块。大洋新的岩石圈不断在大洋中脊的部位产生，而旧的岩石圈又不断被挤到伴有海沟的大陆边缘俯冲而下，从而消失，而大陆壳则是被驮在岩石圈上运动着。在这里你就不难理解了，为什么我们说我们的大陆在不断漂移着。

按照目前人们所知道的大洋岩石圈增生或消亡的速度是每年几厘米计算，大约每过2亿年，大洋底部就要全部更新一次。也就是说，我们现在所看到的洋底最古老的岩石年龄也不应该超过2亿年。这个推测与洋底钻探、取样所得到的洋底年龄资料是一致的。洋底在大洋中脊处岩石年龄最新，越向两边就越古老，但最老也超不过2亿年。

从上面我们已经知道，地球的岩石圈被分为若干个板块，所谓的岩石圈运动，实际上就是这些板块的相对运动。

这也就很容易理解为什么板块的内部比较稳定，而板块的边界则是相对活动的。那么，地球的板块又是怎样划分的呢？

最早的板块划分是在20世纪60年代末期。科学家们将地球岩石圈划分为6大板块：太平洋板块、欧亚板块、印度洋板块、南极洲板块、非洲板块和美洲板块。随着科学家们的研究深入，后来又增加了一些更新的板块划分。

从上面我们已经知道，板块之间总是在不断地相对运动着。科学家们发现，板块之间的相对运动主要有三种方式：第一种就是我们上面谈到的在洋中脊新大洋岩石圈形成的地方，以洋中脊为边界，两个板块做背道而驰的运动，这里也是新板块的增生带。地球岩石圈上主要的增生带有三个，即：大西洋中脊、印度洋中脊和东太平洋隆起；第二种就是以海沟作为边界的两个板块做相向的运动，这里也是板块的消亡带。消亡带主要有两个：即在太平洋东西两边缘的海沟部分。

除了以上两种最主要的板块运动外，还有第三种板块的运动，即相邻板块沿着一个断裂带相互错动。这种相对运动方式比较典型的比如像圣安德列斯断层。圣安德列斯断层北起美

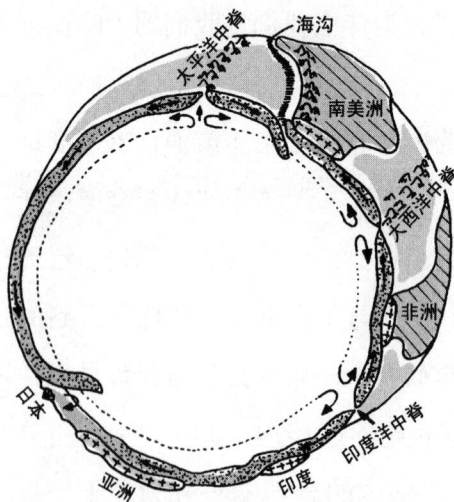

地球的板块构造示意图

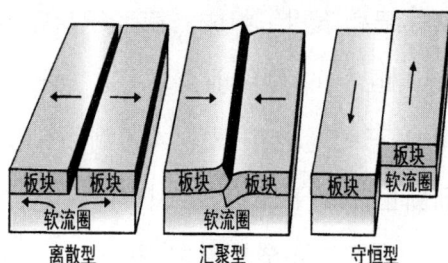

离散型　　　汇聚型　　　守恒型

板块边界相互运动的方式

国加利福尼亚的门多西诺断崖，向南至墨西哥边界，纵贯北美洲西部，大致与太平洋东海岸平行，长约1050千米。为什么会出现圣安德列斯断层呢？实际上这是板块运动的又一种形式，它是由于北美洲大陆板块与太平洋板块，在北美洲的西海岸附近相互接触后，彼此沿着这个接触带（即圣安德列斯断层）向相反的方向运动，即相互水平错动而形成的。

实际上，地壳板块运动的形式还要复杂得多，以上几种只是科学家们了解的比较多的几种，其他的板块运动形式仍有待于科学家们不断地探索。

● 新生代时期的地球

新生代，顾名思义就是新生命的时代。从新生代开始，地球上的生物面貌与现代生物越来越接近了。新生代是指距今6500万年前至今的一个时期，它是地质历史中最新的一个时代，包括现代在内。

新生代由第三纪和第四纪组成。第三纪从距今6500万~160万年前；第四纪从距今160万年前至现在。第三纪一般可划分为老第三纪和新第三纪。老第三纪从老到新依次划分为古新世、始新世、渐新世；新第三纪则由中新世、上新世组成。至于第四纪，则是由更新世和全新世组成的。全新世距今天已经很近了，它是指10 000年前到现在。

从上面我们已经知道，新生代至今延续了6500万年，与以前的各个时期相比，时间虽然相对短暂，但正是在这个时期，地球海陆分布才逐渐演变成了今天这个样子。尽管到了第三纪世界海陆分布图与今天已经较为接近了，但是，科学家们仍然可以指出其中的一些明显差异。

我们先看一下北美洲。那个时期从美国的得克萨斯州往西，沿落基山脉有一条南北走向的内海，把北美洲分割为东西两半。其西部的北美洲经过白令海峡可与亚洲相连，而东部的一半则可通过古北极大陆与欧洲浑然一体。

欧亚大陆的地理形态也与今天不同，那时的乌拉尔有一条南北走向的海峡，其北端与北极海相通，南端则通向地中海。所以，严格来说当时所谓的欧亚大陆其实并不存在，其间还隔着一条窄长的海峡。

那么，第三纪时中国的地理情况又如何呢？现在我国大陆的版图处于北纬18~53度，而第三纪早期，却处在北纬5~40度。也就是说，中国大陆南缘还处在今日的赤道附近，大约相当于今日的马来西亚北部和菲律宾的南部地区。如今的南海，并非波涛无垠的大海，而是中国大陆的所在地。而今日的黑龙江，在当时只是位于今天的北京地区。

不仅在中国大陆，亚洲南部从第三纪早期开始位移的变化都是很大的。同样的情况也发生在非洲和阿拉伯半岛。

到了新第三纪时，非洲大陆板块和阿拉伯板块向北漂移，与欧亚大陆板块在古地中海相遇，撞击的结果，使古地中海西端近乎封闭，海域面积从而大为减少。以后，非洲板块和阿拉伯板块继续向北漂移，导致古地中海中段也变成了封闭状态。到了新第三纪后期时，由于大西洋与地中海之间发生大规模的断裂活动，致使地中海西端又打开了一条通往大西洋的通道，大西洋的海水又重返地中海，一直到今天。

正当非洲板块向北漂移的时候，非洲大陆的东部却出现了巨大的裂谷，这就是世界著名的东非大裂谷。东非大裂谷从南部的马拉维开始向北一直延伸到死海，形成了长达数千千米、宽度仅50千米的狭窄谷地。沿断裂带上，到处都有火山喷发，天气又相当炎热，植物林木十分繁茂，野果随处可见，动物群聚。良好的自然环境也成为人类的诞生地之一，许多古猿及早期人类化石均发现于此，这里成了古人类学家向往的圣地。

我们再看一下古地中海东段延伸的喜马拉雅山区，这里与中国大陆的地貌最为密切。印度板块自从中生代时与冈瓦纳大陆解体分离以来，继续向北漂移。至老第三纪时，越过赤道，到达了北回归线附近，其北缘开始向亚洲大陆板块之

不断隆起的喜马拉雅山脉

下俯冲，到始新世末期，两者终于相撞，致使古地中海东端的喜马拉雅海槽消失，两个板块发生挤压，随即出现了一系列褶皱山系，即喜马拉雅山的形成。开始，山势并不太高，但由于俯冲作用继续进行，亚洲大陆南缘也就继续抬升翘起，逐渐使山体升高，致使其成为今日世界的最高山脉。

四、蔚蓝色下的秘密

● 蔚蓝色统治下的地球

"不识庐山真面目，只缘身在此山中。"浩瀚的海洋，从远古的年代起，就以它神秘持久的魅力吸引着人类的目光。人们在努力思索着：海洋是怎样形成的？它究竟有多大，有多深？海水为什么"又苦又咸"？是什么力量使海水潮来又潮往？海洋的深处是什么样子，是否有巨大的宝藏呢？为什么……？大海的脾气反复无常？瞬息万变，而且海洋环境又是那么复杂无比：绵长的海岸线，孤立的岛屿等与大陆截然不同。

在过去，人们虽然渴望了解这个"蓝色世界"，但由于科学技术不发达，人们只能"望洋兴叹"。直到20世纪60年代，由于宇航事业的发展，人们开始飞离地球，可以在飞船上鸟瞰自己世代生息的家园了。人们发现，原来地球竟是一

海洋——生命的摇篮

个如此美丽的蔚蓝色的圆球。蔚蓝色的部分像一幅巨大的蓝色地毯，覆盖着7／10的地球表面，这就是海洋。恰当一些说的话，我们的地球更应该叫作"水球"。

在现代，随着科学技术日新月异的发展，人类开始走近海洋，人们逐渐了解到：海洋是生命的摇篮，它孕育了地球上的生命；海洋也在不断演化过程中，一部分海洋转化成了陆地，另一部分又从陆地转化成了海洋；海洋是风雨的故乡，气候的调节器，它控制着自然界中水、二氧化碳及其他物质的大循环，并维持着地球上温暖湿润的气候；海洋是大地构造和运动的主宰，它使地球历经沧桑变迁；海洋是资源的宝库，蕴藏着丰富的矿产、能源、化学和生物资源及广阔的空间资源；海洋是交通的要道，特别是当代它已经成了人类国际交往的重要纽带……

目前，高科技已为海洋与人类之间铺设了桥梁，时代给了我们机遇，也给了我们挑战。人类正面临着人口、资源、环境三大问题，人类陆地生存空间受到了越来越大的威胁。随着21世纪的到来，人类将目光转向了海洋这一蓝色世界。这座巨大的资源宝库，对于解决陆地上越来越紧张的资源矛盾显得举足轻重。有关专家估测，在不破坏资源的情况下，海洋给人类提供食物的能力等于全球陆上可耕地面积提供食物的1000倍，每年可向人类提供300亿人口食用的水产品。海洋中的矿产资源其蕴藏量之丰富，可谓"取之不尽，用之不竭"，尤其是油、气资源的开发是近几十年兴起的新的海洋龙头产业。海洋中的动力能源如潮汐能、波浪能、海流能更是陆上能源不可比拟的，它可以再生又无污染，用来发电，优点多多，效益多多。还有在海洋上空、海洋底部都充满了广阔的空间资源，人们设想建立海上城市、海上机场、海底隧道、海底工厂甚至水下居室、海底公园等，这将是人类未来的水中天堂！

21世纪，向海洋进军！21世纪是蓝色海洋的世纪！

● 到深海去看看

早在1960年，一个密封的球形潜水器就载着两名勇敢的潜水员，在太平洋的关岛附近、世界上最深的马里亚纳海沟下潜了10912米，这标志着人类对深海的探险活动正式拉开了序幕，但此后的几十年里却进展甚微。直到1995年3月，一个由日本人制造的装备了自动摄像机的无人潜水器，在这个长达2528千米的神秘的海沟底部探测了一小段距离，终于将海底最深处的景观第一次栩栩如生地展现在人们面前。

科学的发展使海洋的最深处也呈现在了人类的面前

美国海洋生物学家田西尔维·埃勒说："有一种错误观念认为，我们已经征服了海底，而真正的事实是我们知道的关于海底的知识还不如火星的多。"这真是一个令人啼笑皆非的事实。

海洋覆盖了地球表面大约3／4的面积，平均深度为3.7千米。它所供养的生物的物种多样性超过了地球的任何其他的生态系统。更具诱惑力的是，在大海神秘莫测的深处，也许还隐藏着传说中的长达19米的巨大怪兽呢！

所有这些都刺激着世界上最勇敢的探险家们的想象力，诱惑着人们去征服地球上这一最近的边界。尽管深海探险是一项充满危险和困难的行动，但它所获得的却是高额回报：巨大的石油和镍、银、钴等稀有金属矿藏；能改变我们对地球以及生命演化观念的科学发现；还有，从深海细菌、矿物和鱼类中能提炼出对付人类疾病的奇特的新药物。

正如美国加利福尼亚海洋研究中心的罗伯逊说："深海发现给人类带来的利益要比那些耗资庞大的太空计划实惠得多。"科学家们备感惊奇的是，在这些深海热流孔附近竟繁殖着大量海底微生物，以及长7米多的蚯蚓、餐盘大小的贝类和一种奇异的红皮肤蓝眼睛的鱼类。使人们困惑不解的是，在这几乎没有食物来源的深海中，这些生物何以为生？在这漆黑无光的海底世界里，它们又如何行动？

科学家们惊奇地发现，原来在深海中生活的大量微生物与浅海和陆地上的生物不同，它们不是通过一般的光合作用从太阳摄取能量，而是通过化合作用从海洋矿物质中获得能量的。一些生物学家现在认为地球上最早的生物体就是进行化合作用的。因此，这些隐藏在大海深处的热流孔就理所当然地成了研究生命起源的最好的实验室。

然而，深海探险的巨额代价使得只有那些最富庶的国家才能承担。在这方面走在前列的是日本。日本对海底探索显得迫不及待，这是因为这个岛国的南部位于三个大陆板块的交合处，一旦这些板块彼此相撞就会发生5级以上的大地震，1995年造成5502人死亡的神户大地震即为一例。

尽管面临着经费短缺、工作艰苦甚至生命危险，深海探险在世界范围内依然方兴未艾。因为人们知道，他们在这冰冷黑暗的海底的探索活动会带来巨大的回报，这回报不仅是科学和商业的，也是心理的，人类潜入地球的最深处和他们到达珠穆朗玛峰的理由是一样的：我们到达过这里！

● 海洋诞生之谜

地球刚诞生时，在它的表面既没有水柔浪细的河流，更没有烟波浩淼的海洋。和宇宙万物一样，海洋也有一个形成、发展和消亡的过程。那么，海洋最初是怎么形成的呢？

我们首先谈一下洋盆的形成。科学家们最初提出的假说是"冷缩说"，他们认为地球是从炽热的太阳中分离出来的熔融状态的岩浆火球。由于热胀冷缩，地球表面冷得快而内部冷却慢，于是外部与内部形成愈来愈大的空隙。在旋转过程中，空隙上方的岩体由于重力作用下沉，形成了深陷宽广的凹地，这就是最初的海洋盆。还有一种"分离说"，这种学说认为，地球处于熔融状态时，由于太阳的引力和地球自转作用，一部分岩浆不翼而飞，形成月球，而地球上留下的窟窿便是太平洋洋盆。而且月球刚从地球分离出去时，地球发生强烈的震动，表面出现巨大的裂隙，这就是大西洋和印度洋最初的形成。但这两个假说对其后的研究和发现都不能做出正确的解释，假说也就进入了"死胡同"。

在前面我们已经知道，到了20世纪初，德国科学家魏格纳在阅读世界地图时偶然发现，大西洋东西两岸的海岸形状竟然可像拼七巧板那样拼合起来，组合成一块完整的大陆。受此启发，1912年魏格纳提出了"大陆漂移学说"：他设想地球上原来只有一块完整的大陆——泛大陆，这块大陆被一片汪洋（泛大洋）所包围。后来，由于天体的引力和地球的自转离心力所致，泛大陆出现了裂缝，开始分裂和漂移。结果美洲便开始脱离非洲和欧洲，在中间形成了大西洋。而非洲有一半脱离亚洲，南端与印度次大陆分开，由此便形成了印度洋。还有两块较小陆地离开亚洲和非洲大陆，向南漂移，这就是澳大利亚和南极洲。这个有趣的假说一经问世，立即受到人们的重视。但由于当时科学水平的限制，特别是大陆漂移的物理机理没有得到解决，轰动一时的假设又很快没了声息。

直到20世纪60年代初，随着"海底扩张说"的提出，人们才科学地解释了大洋地壳的形成问题。在此基础上发展起来的"板块构造学说"则进一步用地球板块的产生、消亡和相互作用来解释地球的构造运动。这两个学说给"大陆漂移学说"注入了更科学的新鲜血液。随后"板

月球分离与大洋形成有关。

我才不相信这样的鬼话呢！

科学理论的形成往往是从假说开始的

块理论"开始出现，它更好地解释了海洋的形成和发展的问题。板块理论认为，大洋的诞生始于大陆地壳的破裂。地壳由于内部物质上涌产生隆起，在张力作用下向两边拉伸，从而导致局部破裂，形成一系列的裂谷与湖泊，现代的东非大裂谷便是例子。后来由于大陆地壳终于被拉断，岩浆沿裂隙上涌，凝结而成大陆地壳，一个大洋盆便从此诞生。

有了洋盆，没海水还是成不了海洋。那么，海水又是从何而来呢？"黄河之水天上来"，地球上的水主要是从天上（大气中）来的。地球在诞生之初，内部物质在高温下分化产生气体形成原始大气，其中包括大量水汽；火山喷出的水蒸气也是地球上水的重要来源；而当熔岩冷却结晶时也能释放出大量的水。归根结底，水与大气都是地球内部来的。这些水在地壳的低洼处汇合后，就形成了湖泊与海洋。

"都说那海水又苦又咸"，但原始海洋中的水并不像今天这么咸。原来，大气和火山喷出的气体中有一些矿物质蒸气，如氯化钠、氯化镁等盐分，它们都溶解在水中流进了海洋。另外，陆地上和海底岩石的风化也会产生一些盐分，汇入了海水中。久而久之，海水中的盐分越来越多，就越来越咸了，变成了现今的海水。

● 探索海洋的秘密武器

尽管地球上的海洋面积占地球表面积的70%多，但是直到近年来，人们对海底的了解还比不上对月球表面的了解多。尽管月球离我们很远，但是对它的研究却比对海洋的研究容易进行。人类很早就开始观察月球的表面，最先用眼看，然后用望远镜。后来，当望远镜可以用于观察不同波长的光时，现代宇航家不仅能够分析地球的大气，还能测定太阳或其他离我们几百光年远的星球的温度和组成。然而直到

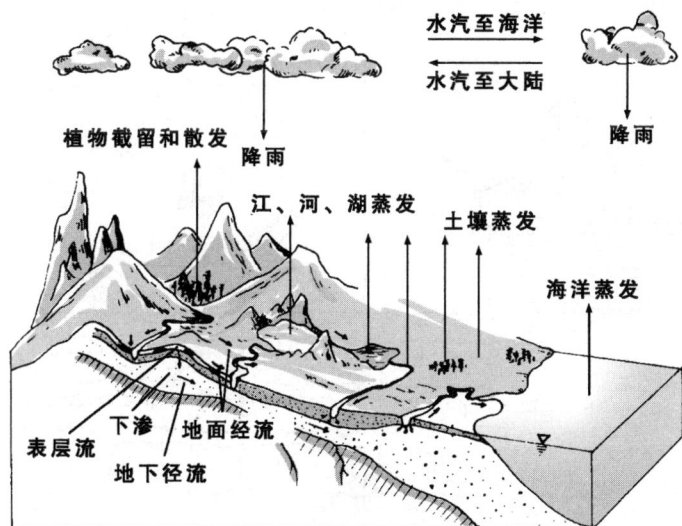

水的循环

20世纪初，人类仍然没有可以用来研究自己居住的地球海洋的类似仪器。

人类没有找到研究海洋的仪器，并不等于人类对它没有兴趣。实际上，人类很早就开始对声音和它在水中的传播产生了兴趣。早在1490年，莱昂多·达·芬奇就观察到："如果你把你的船在水中停下，并把一条长管子的头儿放在水中，将另一端贴近你的耳朵，你会听到离你很远的船的声音。"从17世纪中期人们就开始测量声音在空气中的传播速度，但是直到1826年，瑞典物理学家丹尼尔·克拉顿和法国数学家查尔斯·斯特姆才精确地测量出了声音在水中的速度。他们用一条长管子听浸入日内瓦湖水中的钟发出的声音在湖水中传播得有多快，他们发现，水是声音传播的极佳媒质，声音在水中比它在空气中的传播速度几乎快5倍！

测量声音在水下的速度不是件容易的事

遗憾的是，人们那时还不会利用声音的这一特点，如果人类早就知道怎样利用声音在水中超常的传播能力，那么，1912年"泰坦尼克"号就会得到关于冰山的警告，这艘豪华的客轮就不会沉入北冰洋的海底带走1522名乘客和船员的性命了。这一悲剧事件刺激人们开始研制回波定位工具——通过发出脉冲音，并收听其回声来探测远距离物体。第二次世界大战中，科学家和工程师们利用这些工具，进一步研制出了更复杂的探测潜水艇的仪器。

今天，研究人员利用声音在水下传播的性质可完成许多任务，例如探测核爆炸物、地震和海底火山爆发。正如宇航家用光探索大气的秘密一样，科学家们用声音来研究地球海洋的温度和结构，这对我们了解全球气候变化是至关重要的。科学家们也用声音研究海洋哺乳动物的行为以及它们对人为水下噪声的反应，这有助于我们保护海洋野生动物的生存环境。

但是，声音究竟是怎么一回事呢？声音是一个物体振动产生的一系列压力波并交替对波传播的空气、水或固体分子压缩和降压时产生的一种物理现象。压缩和稀释（我们对降压的称法）的周期，可以用它们的频率来描述。波每秒的周期用赫兹来表示，例如人的声音，产生100~10 000赫兹的频率，而人的耳朵可以听到的频率为20~20 000赫兹，狗和蝙蝠是可以听到更高的频率（160 000赫兹）的动物代表。而鲸和大象则处于波谱的另一端，它们产生频率在15~35赫兹范围内的声音，大多低于人类的听力，所以称为亚音或亚声。声波和光波一样，也可以用它们的波长来形容——即两个波峰之间的距离，频率越低，波长越长。那么，声音又是怎样传播的呢？

很久以来，渔夫和船员就已经利用声音在水中的传播并使用回波定位的初步技术了。例如，在古代的腓尼基人时期，渔夫就通过发出大的声音，例如敲钟并听回声的方法，来估计前面被大雾掩盖住了的陆地的距离。到1902年，航行过美洲海岸的船只通过安置在固定灯船上的水下钟来获得暗滩的警告。10年后"泰坦尼克"号的悲剧激发了波士顿潜水艇信号公司和其他人研制更有效的装置，以警告冰山和其他航海危害。该悲剧发生1周后，瑞查得森向英国专利局申请了用在空气中传播的声音回声定位的专利。1个月后，又申请了同样的在水下的专利。然而，第一台真正能工作的回波定位仪，是在1914年由为潜水艇信号公司工作的瑞格纳德.A.泰森德在美国获得的专利。泰森德的装置是一个发射低频声音，然后转换成用来听回声的接收器的电子振荡器，它能探测到水下2米处的冰山，虽然还不能精确测定其方向。

第一次世界大战期间，盟军研制出了更复杂的回声测深仪，但是它们和德国的U型潜艇威胁者根本无法相比，因为它们无法定位和跟踪移动着的物体。然而战后不久，德国科学家理查德在观察用音响装置清除德国海港的地雷时，提出了关于在海水中声波的倾斜和折射的理论，提供了解决难题的线索。

科学能避免"泰坦尼克"号的悲剧再次发生吗

在早期一个名叫威利布朗·斯奈尔的荷兰宇航家的研究基础上，理查德在1919年提出：正如光在穿过一个媒体到另外一个媒体的时候会发生折射，声波在遇到温度、咸度和压力等小变化时，也会折射。他还建议说洋流和季节变化会影响声音的传播。不幸的是，理查德太超前了，他的远见此后几乎60年都没有得到承认。

在美国，研制更复杂的回波定位装置的努力在马里兰州的海军工程试验基地人员哈伊斯的指导下，在第二次世界大战期间继续进行。哈伊斯鼓励美国海军在和平年代为民用海洋物理发挥作用，这一指导思想沿续至今。这样，正好在第二次世界大战爆发前，美国海军船只已经装备上了声深发现仪和改进了的称为声纳的回波定位仪（用作声音导航和测位），它们可以接收到潜水艇螺旋桨的声音或几千米外潜水

声波传播速度
（米/秒）
增加

声纳　　　　回声

混合层

回声

屏蔽区域
（无回声反射）

机器噪声

热渐变层

深水层

不能探测的深水区

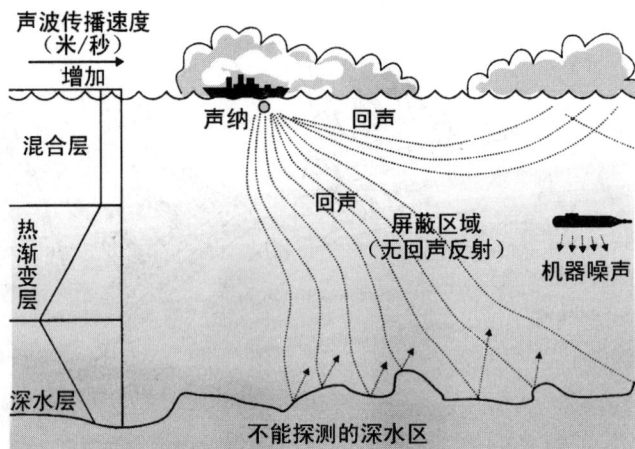

声音"盲区"的存在使潜水艇找到了很好的庇护场所

艇外壳的回声。然而，这些装置却不知为什么极不可靠。1937年夏，美国一条船上的官兵不知道该怎样解释和纠正该船在一次海湾演习中出现的声纳问题。出于某种原因，这些装置在下午的表现继续恶化，它们有时根本无法回复回声。

到了1937年，麻省理工大学的阿瑟斯坦·斯比尔霍斯发明了一种"海水温度深度自动记录仪"，或简称BT。BT是一种小的鱼雷型装置，装有温度探测器和可以探测出水压变化的元件。如果把BT从一艘船向外伸出，它会在掉进水中的过程中记录压力和温度的变化。斯比尔霍斯认为他的BT可以广泛应用于海洋温度和深度对海洋生物以及洋流结构的影响，尤其是像一些海湾大洋流两边的漩涡。但是，库拉伯斯·艾瑟林和美国海军用BT做出了有更大用途的发现。

BT的读数表明在下午的早些时候，太阳将5~9米深的海水表层照暖到比下层海水水温高1~2摄氏度，在表层以下，海水随深度迅速变冷。科学家们知道声速随温度升高而增加，因此他们意识到船声纳发出的信号会迅速穿过温暖层，然后当它们接触到下面的冷层时急剧变慢。他们发现声波在穿越两种性能不同的海水层时会发生折射，从声音传播较快的区域转向声波速度较慢的区域，这种转向造成了声音的"盲区"，使得声纳信号无法探测到任何正好定位于暖水层和冷水层分界线以下的潜水艇。

库拉伯斯·艾瑟林立即意识到了声音盲区以及BT对潜水艇战争的重要意义。装有BT的潜水艇可以用它测定与追逐舰有关的盲区位置，这样就几乎可以不被敌舰声纳发现，而猎潜舰则可以将BT用于相反的用途，调整其声纳方向，使之考虑到料想中的折射。第二次世界大战中，BT成了所有美国海军潜水艇和参与反潜水艇战的船只标准的装备。海军军官开始学习怎样使用BT，海洋地理学家前往全国各地的海军基地培训要参战的海员。

战争一结束，BT数据库就为阿瑟斯坦·斯比尔霍斯构思已久的各种基础海洋研究提供了依据。1946年，美国海军创立了海军研究局，后来成了海洋声学研究的最早创立者，于是科学家们恢复了他们对影响水下声音信号传播条件的研究。

许多因素影响到声音在水下会传播多远、持续多长时间。其中之一就是，海水颗粒会反射、分散和吸收某种频率的声音。正如某种波长的光会被大气中特殊类型的颗粒反射、分散和吸收一样，海水吸收的声音量是蒸馏水吸收的30倍，海水中的某种化学成分会使某种频率的声音衰减。研究人员还发现，波长较长的大都可以穿过小颗粒的低频声音，一般不会因吸收或分散而减少，因而传播较远。

咸度、温度和压力对水下声速影响的进一步研究，产生了对海洋结构的奇妙洞察。一般来说，在海洋的水平分层中，声音在上层地区多受温度影响，而在下面的深层中，多受压力影响。海水表面是太阳光照暖的上层，其实际温度和厚度随季节不同而变化。在中纬地区，这一层一般是等温的，即这一整层的温度一般是一致的，因为海水被波浪、风和对海洋流的运动混合得很均匀，向下移动的穿越这一层的声音信号一般是以几乎不变的速度传播的。然后是称为温跃层的过渡层。这一层的温度随深度稳步下降，随着温度下降，声速也下降。然而，在海深600~1000米以下，温度的进一步变化就很小了，在此以下到海底的海水实际是等温的，这样影响声速的首要因素就是不断增加的压力，它使声音加速。

1943年，玛瑞斯·伊文和沃泽尔在哥伦比亚大学进行了一项实验，检验伊文多年前就提出过的理论。伊文提出，如果声源安放正确，那么不像高频率那么容易被分散和吸收的低频声波，应该能传播得更远。研究人员在巴哈马群岛引爆了有454克炸药的水下爆炸物，在3000千米以外的西非海岸的接收器很容易就探测到了。在分析这一实验的结果时，他们发现了一种声音通道，并称之为声音固定和延伸渠道，也称为"深层声音

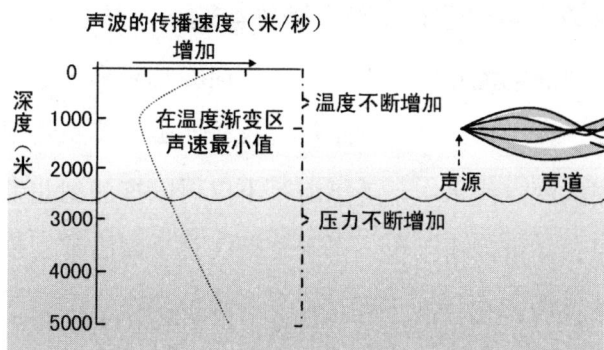

海洋的深度与声速的传播有着奇妙的关系

通道"。俄罗斯的一个物理研究所的声学家雷尼得·布来克哈维斯肯分析来自日本海的水下爆炸信号时，也独自发现了这条通道。

科学家们发现，根据折射定律，声波可以在跨过温跃层底和深层等温层顶交接处声速最低区域的一条细细的通道中有效地捕捉到。他们发现，一条斜着传播过温跃层的声波在声速下降时会向下转，然后当压力增加使声音加速时向上转，而只有在温度变暖使声速增加时，再次向下转到声速最低的深度。进入这一声音通道的声音于是可以以最小的信号损失水平传播几千千米。深层声音通道出现的深度随海洋温度而不同。例如在极地地区，较低的海表温度使温跃层离海表更近，深层声音通道也更接近海表。

美国海军很快就开始发现低频声音和深层声音通道可以扩大其探测潜水艇范围的有用价值。20世纪50年代期间，美国海军在极其秘密的情况下，开始了代号为Jezebel的秘密工程，后来以"声音监视系统"著称。这一系统包括安置在海底，通过海底电缆和岸上加工中心相连的几列称为水听器的水下麦克风。通过把声音监视系统安放在北美和英属西印度群岛两岸沿岸的深、浅水中，美国海军不仅可以探测到北半球的许多潜水艇，还可以辨别出一个潜水艇有几个螺旋桨，是传统型的还是核式的，有时甚至可以知道潜水艇的级别。

冷战结束后，美国海军允许民用科学家使用声音监视系统做基础研究，并允许他们获得在别处无法得到的信息。科学家们现在可以应用水下声学了解更多有关漆黑的海底深处的地理和生物的事情。1990年，太平洋海洋环境实验室的克里斯托佛·弗克斯和他的同事们，成了将声音监视系统的应用从军事方面演变为民用—军事两用的第一批人员。从1991年起，从事热液通风系统研究的FOX小组，就一直在用声音监视系统准确测定海底火山爆发的位置。这使科学家们对沿像山一样隆起洋中脊的地方发生的事件有更清楚的了解，在那里洋底实际上正被从地壳下面推起的熔岩不断塑造着。

当FOX小组倾听海底火山喷发记录时，他们也听到了其他的水下声音——包括须鲸的声音。康奈尔大学的生物学家克里斯托佛·克拉克在1992年首次参观声音监视系统研究所时，也意识到了声音监视系统可以用来听鲸的声音。当克拉克看到每天24小时的声音图解表时，他看出了蓝鲸、长须鲸、小鲳鲸、驼背鲸的声音模式，他还能听到声音。他用一个声音监视系统接收器在西印度群岛听到了1770千米以外的鲸。

鲸是地球上最大的生物，例如蓝鲭鲸，长可达30多米，有几吨重，但是这种动物也是令人极为困惑的。想直接观察蓝鲭鲸的科学家必须在船上等着鲸到海面，用这种方式短时期地跟踪过几头鲸，但是没有长距离追踪过，关于它们的许多事人们仍然是未知的。用声音监视系统，科学家们可对鲸进行实时追踪，并在地图上将它们定位。不仅如此，科学家们还可以一次追踪多条同时穿过北大西洋和北太平洋东部的鲸鱼，可以分辨出鲸的叫声。例如，FOX小组已探测到长须鲸在不同季节里的叫声变化，并发现了蓝鲭鲸在太平洋的不同地区叫声也不同。

最令人感兴趣的是鲸穿越这么远的距离时辨别方向的能力。克拉克对鲸是否像海豚和蝙蝠那样回波定位很感兴趣，然而鲸不是从几米外的物体上反射声音，而是向数百千米外的地方发出它们"咻咻"的声音。当他把声音监视系统制作的一条鲸的踪迹叠加在一幅海底地图上时，看起来鲸好像正在从一座海底山越过障碍到另一座山，这些海山之间有数百千米远。他用其他鲸做了同样的实验，得到了相同的结果。克拉克认为鲸不仅用声音交流，还用它导航，也就是说，它们用声音绘制海图并在其中找到路径。

声音监视系统因其测量的距离远，已被证实是我们了解地球气候信息的重要仪器。该系统使科学家们开始了全球规模的海洋温度测量，这些测量是解决海洋和大气之间热转换谜团的关键。海洋对决定空气温度起着巨大的作用，海洋

鲸具有天然的导航能力

上层仅几米的热容量就相当于整个大气的热量。

随着全球变暖的证据越来越明显，全世界的科学家都在努力测定已观测到的变暖趋势有多少是自然气候循环的部分，有多少是因为燃烧矿物燃料和其他人类活动造成的。目前模拟全球气候和预测气候变化的数字模型因对地球许多地方，尤其是海面以下地方的温度测量不足而绊住了脚。

1978年，美国一家海洋地理研究所的沃尔特·曼可和麻省理工大学的卡尔·乌恩思科建议用CAT扫描仪来研究并监视约1000千米范围内的海洋。医学CAT扫描仪通过综合从不同角度拍摄出的X线三维影像来得到信息，海洋CAT扫描仪则可以综合来自海洋的声音来得到信息。

因为在海洋里水平传播的声波，其速度主要是受温度影响的。所以，两点间一条声波的传播时间是沿途平均温度的敏感指示。从深层声音通道向多个方面发射声音，可以为科学家提供跨越全球大片地区的测量值。海里的几千个声音通道可以拼凑成一幅全球海洋温度的地图。通过长时间沿同一通道反复测量，科学家们就可以记录几个月或几年以上温度的变化。

1983年，美国宾西法尼亚州大学的约翰·斯贝思伯格和密执根大学的卡特·迈兹戈提供了第一个试验证据。斯贝思伯格和迈兹戈从夏威夷海底的一处，向东北太平洋的9个美国声音监视系统接听部队发射了4000千米的声音脉冲，1987年和1989年他们又两次重复了这一试验。斯贝思伯格和迈兹戈的研究表明，声音穿过一个海盆的传播时间极小变化可以反映出沿声音通道的水温变化。在这一试验中传播时间降低了2／10秒，这就相当于0.1摄氏度的温度增长。

1989年，美国的曼可和澳大利亚的安得鲁·弗贝思建议10年内定期在全球范围内发射声音，以力图监视气候变化。为了确定信号是否足够稳定，以获得跨越半个地球的测量值，他们在南印度洋上一个无人居住的澳大利亚小岛附近安置了一个声音发射机，在除北冰洋外的所有大洋中设有接收器。1991年1月有5天，由美国组织的来自9个国家的科学家，从该岛岸边的一艘船上发射声音，16个接收点捕捉到了来自远在1.8万千米外的深层声音通道的信号。测量温度变化不是这次试验的目的，而跟踪到有足够精确度的信号表明全球海洋气候的声音温度计项目是可行的。

海洋气候的声音温度计项目，主要目的是在太平洋建立海洋温度基线，并以此测量温度的变化。1994年4月，一个由美国和俄罗斯科学家组成的小组发射了穿过北冰洋的声音，并得出了令人震惊的发现。这一跨越北冰洋的声音传播试验不仅证明远程声音温度计在冰雪覆盖的北冰洋的可行性，而且传播时间的测量还揭示出了沿传播通道的温度变化，提高了近0.4摄氏度。潜水艇和破冰船的广泛测量进一步证明了令人信服的北冰洋温度变化。

● 大显身手的介形虫

要想测量海洋的深浅，除了使用各种探测仪实际测量外，还可以从一种叫作介形虫的微型动物身上，得到大海深浅的数据。

介形虫是一类原生动物，现生的介形虫体长一般只有0.5~1毫米，它们的种类很多，目前已知的就有2500余种。介形虫的体形大多呈三角形、卵形、梯形等，在一切水域中都有分布，但以海洋中最多。有趣的是，在无边无垠的海洋中，介形虫的每个种类都有自己固定的栖息地，它们从不到处漂泊。例如在深海生活的种类绝不到浅海处栖居，而在浅海处生活的种类也绝不到深海去遨游。地质学家根据介形虫的这一习性，就能估算出大海的深浅。例如，在我国南黄海西北部地区海底泥沙中介形虫的分布，南部以中华丽花介为主，北部以穆赛介为主，东部以克利特介为主。这三种介形虫分别生活在0~20米、20~50米和大于50米水深的海区。因此，根据这些介形虫种类的分布情况，人们就能绘制出一幅简单的海底地形图。

对于现代的海洋测量来说，介形虫给出的深浅数据当然是太粗略了，根本无法与现代仪器的精密测量相提并论。但是，介形虫所具有的测量千百万年前海水深浅的本领，却是任何现代精密探测仪都望尘莫及的。现代探测仪无论多么先进，只能测量现代海洋的深浅，对于遥远地质年代的海洋的深浅则无能为力。在漫长的历史进程中，海洋早已发生了巨大的变化。面对这个面目全非的海洋，介形虫却能大显身手。比如，地质学家从地中海几千万年前形成的沉积物中，发现了一种叫深海角介的只能在大洋里生活的介形虫，而在年代更新的沉积物中，却再也见不到它的踪迹。由此得知，古地中海曾经是一个大海，与大西洋相通，水深可能达到几千米，以后它又与大洋失去联系，封闭成如今名副其实的被陆地包围着的地中海。在这一点上，介形虫所提供的宝贵数据是无与伦比的。

● 深邃莫测的海底世界

如同陆地上一样，海底世界有高山，有平原，还有深沟峡谷。海底世界并不像人们所想象的或是像表面看起来那样平缓和宁静，相反海底是地球上最活跃最动荡不安的地带。地震、火山活动频繁，不断形成高山峻岭，只不过这一切都掩盖在海水之下进行而已。

世界各大洋的洋底形态虽然各不相同，但基本上都是由大陆架、大陆坡、岛弧海沟、大洋盆地、洋中脊（海底山脉）几个部分组成。

　　我们平时所看到的海岸线并不是大陆与海洋的分界线，在海面以下，大陆仍以极为缓和的坡度延伸至大约200米深的海底。这一部分就是大陆架—— 被 海水淹没的滨海平原，这里成为海洋生物的乐园，可以发现许许多多的海洋动植物在此处安居乐业，繁衍生息。

　　大陆架以下，是大陆架向大洋底过渡的斜坡，坡度陡然增大，一般为3~4度，有的甚至超过10度，水深急剧增加，一般为200~2500米。这就是比较狭窄的大陆坡，它的底部才是大陆与海洋的真正分界线。

　　超过大陆坡，就是深邃的海沟或岛弧——海沟系。在此处，大洋板块俯冲到大陆板块以下，交错地带形成了"v"形的海沟，是海洋中最深的地方，与相邻的岛弧构成了地球上最

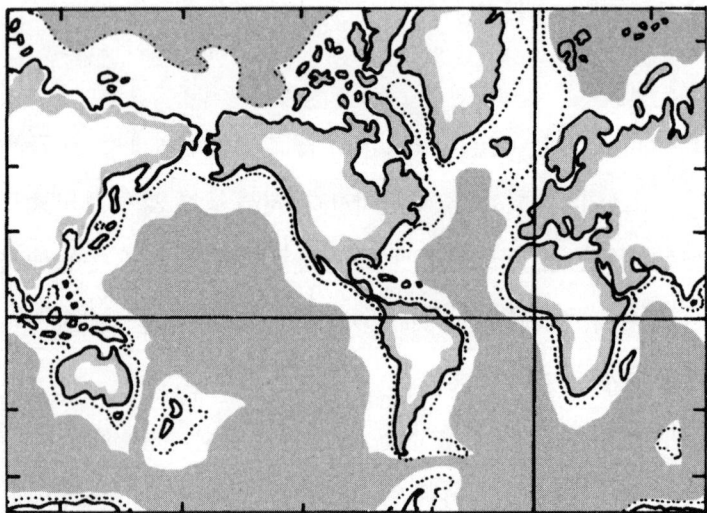

大陆与海洋的分界线掩藏在水面下

大的高度差。例如秘鲁－智利海沟深8000米，其背靠的安第斯山海拔6500米以上，它们之间的落差为14 500米，若不是被海水覆盖，这将是最雄伟壮观的景象！

这一带由于地处两个板块的边缘，故地震、火山活动频繁发生，跨过海沟再向海洋深处，就到了广阔无垠的大洋盆地。其深度在2500~6000米，大部分是深海平原，面积占海底总面积的77%，辽阔平坦，但景色无奇。在平原的周围，分布着绵亘千里的海岭，陡峭的海山峰和光滑如刀削的平顶山，其中还有深海谷、断裂带和海槽等，海岭和海山皆因火山而成，海山甚至可以露出海面成为岛屿，如太平洋的夏威夷群岛。

再深入洋底，就来到了洋中脊，与一般海岭不同，这里是海底扩张的中心。而且洋中脊是一个世界性体系，横贯各大洋，从北冰洋开始，穿越大西洋，经印度洋，进入太平洋，逶迤连绵约8万余千米，就好像是大洋的脊梁，任何一条陆地山脉都不能与之相媲美。

各大洋洋中脊的位置均不相同，大西洋中脊贯穿大洋中部，与两岸大致平行（中脊名称由来），中轴为中央裂谷分开，两侧内壁陡峻，山峰嶙峋，蔚为奇观；印度洋中脊犹如"入"字分布在大洋中部；太平洋中脊位于偏东的位置上。三大洋中脊在南部相互连接，而北端却分别伸进大陆。

这就是海底世界的地貌的一般特征，但各大洋又有各自的特点。像世界大洋海沟共有25条之多，主要分布在太平洋，有20

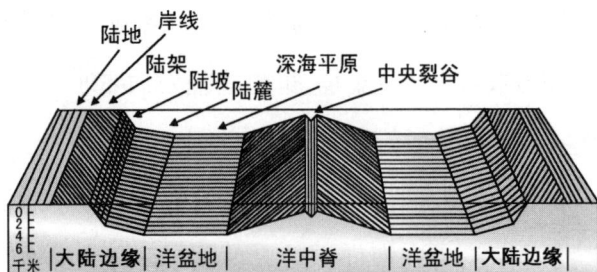

大洋底结构示意图

条，形成太平洋火环。海山峰也主要位于太平洋海域，那里的海底火山有10 000座之多。在那幽暗深邃、沟壑纵横的海底充满着令人惊叹的奇观，让我们接着走进海底奇观里观赏一番吧。

● 海底奇观

烟波浩淼的海洋，令人神往，而它幽暗的海洋深处更是充满神秘色彩的地方，有许许多多扑朔迷离、令人惊叹的奇观。

第二次世界大战期间，美国海洋地质学家赫斯发现，在太平洋夏威夷岛到马里亚纳群岛之间四五千米的海底深处耸立着许多洋底山峰，令人惊异的是这些山峰的顶部像被利刃截掉一样，光滑而又平坦，而山坡却很陡峭，坡度达20~30度。其中山腰处最陡，山腰以下有的呈阶梯状。他认为这些海底圆平台是沉溺的古火山岛。顶部的圆平台是因海浪作用或珊瑚堆积作用而形成的。后来发现的日本明神礁海底圆平台的形成过程证实了赫斯假说的正确性。

但问题并未结束，人们对此提出了不少异议。正当争论不休时，1979年美法两国的专家在大西洋考察中又发现了更令人惊异的现象：在百慕大三角的西海域，矗立着一座巨大的海底金字塔，底边长约300米，高约200米，塔尖距海面100米。在塔上有两个巨大的洞穴，水流以惊人的速度流过，使海面狂涛汹涌，空中云雾翻腾，过往船舶、飞机无不惊心动魄。据说这金字塔比闻名全球的埃及金字塔还要古老。但这一消息在引起轰动的同时却遭到不少地质学家的质疑和批评。此后许多年过去了，也一直没有有关海底金字塔的确切消息。

除了圆平台和金字塔，在海底还有许多极其壮观的峡谷。它们蜿蜒曲折，沟壑纵横，如巴哈马峡谷谷壁的高差达4400米，而中国长江三峡的高差还不及千米，与之相比，岂不是小巫见大巫。

海洋哪来的"巨斧神匠"能凿出如此大规模的峡谷？说来你可能不信，原来竟然是一些浊流。这些浊流从河水注入携带大量的泥沙，并不与海水相混合而是自成一股潜流沿着斜坡奔腾而下，长驱直下数千里，凿出海底峡谷。小小浊流，何来如此大的侵蚀力量呢？看来，浊流是海底峡谷的形成因素，却不是唯一的"神工"。其他的呢，人们还在寻觅之中。

海底中还有雪山。奇怪！在大西洋中脊裂谷中央有一座

海底金字塔真的存在吗

高仅2500米的小山，终年披着雪白的婚纱，像一个娇美的新娘叫"维纳斯"。那"白雪"是什么物质呢？原来只不过是一层薄薄的沉积物。

除了雪山，还有热泉。20世纪70年代，法、美两国的专家在太平洋中脊处发现了许多洋底热泉，中心温度高达350~400摄氏度，更令人惊讶的是在热泉周围居然存在着旺盛的生物群落。其中有长达4米的巨型管虫，大如盘子的贝壳以及盲蟹和鱼。这里没有阳光，却有从地壳裂隙中冒出的有毒的硫化氢。这些生物靠细菌而不是阳光来生存。

1977年，美国"阿尔文"号深潜器对位于太平洋东部的附近洋底进行考察。这个由13个大岛及数百个小岛组成的群岛，全是由火山喷发的熔岩堆积而成的，形成时间不到200万年，其中大部分都只有100万年左右。从海上看，各岛都耸立着一座座高大的火山堆，有的还不时发出低沉的轰鸣声。踏上这些小岛后，还会看到地上布满了黝黑色的玄武岩。整个加拉帕戈斯群岛共有大小火山口2000多个，并且相当有规律地排列在纵横交错的断裂纹上，大约每隔35千米一个。

这些群岛上如此众多的火山，早就引起了地质学家和海洋科学家的注意。后来他们才知道：原来这些岛屿正好位于东太平洋洋隆中大裂谷的附近，这里因太平洋板块的移动而被撕裂成许多巨大的裂谷和许多小断裂，地球内部的炽热岩浆从裂谷和断裂处不断地向上喷涌，形成了座座火山，散布在太平洋上，构成加拉帕戈斯群岛，并且发现了最为壮观的海底热泉。

位于北纬21度附近的东太平洋隆起的脊轴上的热泉，在一条长7千米、宽200~300米的狭长型条状区，分布有25个以上的热泉"烟囱"，各"烟囱"的热泉温度变化各异。其中东北段热泉新喷出的水温较低，为5~20摄氏度，水质也较清澈，因而此处生物繁茂。而西南段喷口新喷出的水温较高，有的竟达400摄氏度左右，水质中所含成分十分复杂，致使喷口处形成了块状硫化物堆积。堆积物将喷口围成1~5千米高的圆筒状，形成"黑烟囱"。经分析发现"黑烟囱"的水中含有大量的硫磺铁矿、黄铁矿、闪锌矿和铜、铁的硫化物等物质。对硫磺铁矿的液体进行测定表明，其外壁由石膏、硬石膏、硫酸镁组成，而与热水接触的内壁，则为粗大的结晶黄铜矿和黄铁矿。在部分"烟囱"顶端所采的样品中，主要由闪锌矿、黄铁矿条带交替组成。最外层富含重晶石、非晶质二氧化硅。"烟囱"底部有黑色细粒沉淀物，其中含有闪锌矿、硫磺铁矿、黄铁矿及铅锌矿和硫等。在其周围的水样中，氡-3和氢锰的含量较高。

此后，各国科学家又在世界大洋中发现了许多海底热泉。其中包括洋中脊热液系统，加拉巴哥斯热泉，圭亚巴斯海盆热泉，马里亚纳海盆热泉等。这些热泉与地球的气候变化有密切联系。海底热泉的发现，成为20世纪科学领域中最重要的事件之一。

有热泉，还有喷泉。1979年3月美国一批专家对墨西哥西南的加花帕戈斯洋脊进行考察时，发现一幅令人恐惧的奇异景象：一根根高达六七米的"浓烟柱"兀立，柱口喷出的"浓烟"温度高达近千摄氏度。不要以为这是真的喷泉，它实际上是一种金属热液喷泉，遇冷就凝结成铜、铁、锌的硫化物堆积成一个个小丘，这可是丰富的宝藏啊！

说起瀑布，你可能会想起"黄果树瀑布"等，我们在这里讲的可是海底中的瀑布。丹麦海峡的海底特大瀑布位于格陵兰岛和冰岛的大西洋底，瀑布落差高达3500米，其落差是尼亚加拉瀑布的70倍，宽达200米，其惊心动魄、雄伟壮观的景象，任何一个陆地上的瀑布都会自叹弗如。

大千世界，无奇不有，任何人都惊叹大自然的力量。如此浩瀚的海洋，肯定还有许多更新奇的事物等着我们去探索。

隐藏在洋底深处的火山喷发

● 大西洋底发现一座"失落的城市"

　　科学家们在大西洋底发现了一座"失落的城市",但它并不是传说中沉到海底的古代文明遗迹,而是由海床喷出的热水和矿物质形成的海底热液喷口,里面生活着大量生物。有人认为,这与30亿年前地球原始生命的生活环境很相似。

　　美国华盛顿大学的科学家曾在英国《自然》杂志上报告说,他们是在研究海底山脉时偶然发现这个热液系统的。它位于水下700米处,距离中大西洋海脊15千米,处在一个名为"亚特兰蒂斯"的海床区域。"亚特兰蒂斯"(后面我们还要专门谈到)是古希腊传说中沉没到海底的城市,因此,这个新发现的海床热液喷口又被称为"失落的城市"。

　　温度为40~70摄氏度的热水从海床中经热液喷口喷出后,热水中的矿物质会析出并凝固起来,形成白色的矿物柱。其中一个矿物柱高达60米,是迄今发现的最高的海底热液系统矿物柱。热液喷口处生活着少量螃蟹、海绵、珊瑚虫等动物,最多的生物是细菌,有些地方的岩石甚至因为细菌太多而被掩盖。初步研究表明,这些细菌形态非常古老,能够依靠甲烷等有机物生存。

在此之前，人们只在海脊区域（海底隆起部分）发现过热液喷口。在这种热液喷口中，水温常达300摄氏度，含有矿物质的热水呈黑色烟雾状，而"失落的城市"在温度和颜色上都与此截然不同。这表明，海底热液喷口可能比人们原先想的更为普遍，种类也更多，其成因也不仅仅是地底岩浆加热了海水，还可能是由于海水与海床下面的岩石发生化学反应而产生热。

● 循环不绝的地球大动脉

当你有机会来到海边，首先看到的就是海水在冲来、退去，海面有些微波的起伏，有岩石的地方，可以听到轻微的拍岸声。如果你正碰上刮风天，那情景大大不相同了。你要离岸边远一点，否则海水的浪花会溅到身上。总之，与海打过交道的人都知道海水是在不停地运动着。

海水的运动，种类很多。像潮涨潮落的潮汐运动；起伏汹涌的波浪运动；像河流一样向某个方向流动的海流运动等等。由于一些运动对于我们是明显的，所以，被人们很早就发现和认识了。但有的运动则是我们一时难以辨别，比如海流。不管怎样，海洋中的这些运动，都与我们有着密切的关系。

海流通常指海水朝一个方向（水平或垂直）经常不断

的流动的现象，发生在大洋里的海流又称为洋流。它们就像海洋中一条具有一定的长度、宽度、深度和流速的河，故海流有"海洋中的河流"的称号。

海流宽度一般在几十千米到几百千米之间，其长度可达几千千米，流速通常每小时只有1.5~3千米，最快可达6~9千米。世界上著名的海流有墨西哥湾流，太平洋里的黑潮、赤道流，北大西洋海流等，它们是一种气势磅礴的海水流动。

海流的成因比较复杂：由海风引起的风海流；由海水密度差异引起的密度流；由海面倾斜引起的倾斜流；此外还有由于一处海水补充另一处海水流失而引起的补偿流等。而且根据水温的高低，还可以把海流分为暖流和寒流。然而暖流的水温不一定比寒流要高，这只是相对于海流流经海区的海水温度而言。

风吹起浪，水动成流。风海流主要是由稳定的盛行风引起的。风推动着海水向前移动。海水一旦流动起来，就受到地球偏向力和海水之间摩擦力的影响，使流向发生偏转，与风向形成了一个角度。用一个形象的图来表示一下，就像是风扇的扇叶边缘的弧线一样。在南北半球，作用力正好相反。在北半球，表层海流的流向偏于风向之右；在南半球偏于风向之左。在赤道处分别形成了宽达上百千米的南、北赤道流，两者之间为赤道逆流。

在太平洋里，北赤道流碰到亚洲大陆外沿的菲律宾群岛后，转向北上，这就是被誉为"黑潮"的强大暖流。在北上途中受地球偏向力作用越往北越偏离亚洲大陆，来到了西风漂流带，被西风推向东去，成为北太平洋流。当它再遇到北美大陆时，就兵分两路，一支北上，另一支顺势南下，人们将其称为"加利福尼亚寒流"，尔后，它们又汇入了北赤道流。至此，就构成了北太平洋的主要环流。

同样，南赤道流南下，在大洋洲东边海面上形成东澳大利亚海流，顺着新西兰的两岸，然后汇入南太平洋的西风漂流，直扑南美洲的两岸。寒冷的西风漂流，一支沿陆地北上，成为秘鲁海流，并与南赤道流汇合，构成了南太平洋环流；另一支则从南美的合恩角以南进入大西洋。

在大西洋，墨西哥湾流和北大西洋海流是两支相连的

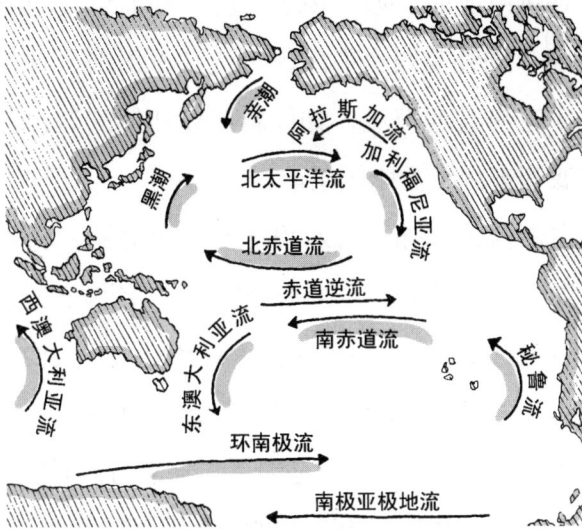

冬季太平洋洋面流

最大的海流，其水量在某些地方相当于亚马逊河流量的13倍。它们以每小时1.8~3.5千米的流速横贯大西洋，从冰岛和大不列颠中间通过，最后进入北冰洋。

在印度洋，海流的变化主要受季风的支配，称为"季风流"。在北印度洋，每年冬季10月份至次年3~4月份，在东北季风作用下海水向西和西南方向流动，沿着索马里海岸而下，与南赤道流的北分支汇合，并转向东形成赤道逆流，至此构成了东北季风环流。在5~9月份，海面盛行西南季风流，此时，南赤道流海水在非洲海岸堆积形成一股倾斜的索马里海流，向东、北方向流动，再转向东，汇入西南季风流中，这时，赤道逆流与西南季风流汇合，这就是西南季风环流。这两个季风环流随着季节的变换而交替发生。

以上是风海流的情形。由于密度不同而形成的海流涉及的深度较大，流经范围也很广，可达几千千米，有"海流巨人"之称。还有其他海流，如倾斜流和补偿流等，它们的能量归根结底都来源于太阳辐射能。

除表层海流外，深层海水中还有一种潜流，它的去向可能正好与表层海流相反，同表层海流一样，深海潜流也包含着巨大的动能。另外还有垂直的海洋大环流。现在人们提出了更符合实际的海洋深层环流模式，整个海洋分为五层：表、上、中、深、底层，表层海流主要是因风吹起来的，上层和中层海流则分别由亚热带辐聚和南极辐聚的海水下沉形成的；深层海流则分别是由大西洋挪威海内的海水下沉形成的；底层流则是由

南极威德尔海形成的。各层海流有各自的运动形式，但首尾相
连，且循环不绝，构成了世界大洋环流。

五、"精雕细琢"的地球

我们人类生活在地球上，在科学技术不发达的过去，想要看到地球的全貌只能是梦想。但是，今天这已经不是什么问题了。随着现代航天技术的发展，人类不仅可以乘坐航天器直接到遥远的太空去观察地球，而且还可以站在月亮上回望地球。虽然这只是少数的宇航员们才能享受到的"美差"，但大多数人可以通过宇航员或其他航天器发回的照片、拍摄的影像资料间接地看到地球的全貌。

从整体上看去，地球的"长相"好像非常"标准"：滚圆滚圆的一个"大球"飘浮在空中，蓝蓝的大海，一丝丝旋涡状的白云，绿油油的陆地，美丽而又充满生机。其实，这只是我们通过影像资料看到的地球概貌，实际上的地球"脸面"远没有这么"标致"，一点儿也不像我们玩的皮球那样溜滚圆滑，它更像一个放蔫巴了的苹果，表面坑坑洼洼，皱皱巴巴，一点儿也不规整。这些不规整就是地球上的海洋陆地、名山大川、秀水奇峰。更为有趣的是，地球的"脸面"不是一成不变的，从地球形成以来，没有一天不在变化，只是我们人类的寿命相对于地球的变化过程来讲非常短暂，很难察觉到地球的变化罢了。

● 为地球整形的"美容师"

地球表面上的高山、峡谷、平原、沙漠等不同的地表形状就是科学家们所说的地貌。那么，这些奇形怪状的地貌形态是怎样形成的呢？原来有一位医术高超的"美容师"，年复一年，日复一日不停地为我们的地球"整形"，才使我们的地球有了千姿百态的面貌。这位不知疲倦的"美容师"就是地质作用。

在我们平常看来，我们的地球非常稳定，几百年、几千年没有什么变化。其实这只是一种假象，地球的内部"闹"得欢着呢！只是我们人类很少觉察到罢了。像火山喷发、地震、地球板块的移动等，几乎每时每刻都在进行着。因为这些活动都是地球内部的"力量"造成的，所以科学家们把这些活动叫作内力地质作用。内力地质作用对地球的影响最大，是形成高山大川的主要原因。比如，号称"世界屋脊"的我国青藏高原，原来是一片汪洋大海，就是因为地球板块的运动才慢慢"拱"了起来，形成了世界上最高的山脉。内力地质作用比较复杂，下面我们还要专门介绍，在这里我们只要知道内力地质作用是造成奇异地貌形态的主要"力量"就够了。

除了地球内部的力量对地表的形态产生影响外，来自地表外部的力量，也对地球的表面有重要影响，这种影响就是外力地质作用。风化就是一种主要的外力地质作用。

注意观察一下周围，你就会发现，墙上裸露的红砖时间久了就会一层一层地往下脱落；用石头做成的石碑年代久了字迹就会变得模糊不清。为什么会有这种变化呢？原来这就是风化在作祟。找一块石头放在火上烧热后，迅速地拿出来，放在冷水里，你就会发现石头会迅速地炸裂，或者从表层剥落下一层来。这是什么原因呢？我们知道，物质有一个共同的特性，就是受热膨胀，遇冷收缩。在上面石头被烧的过程中，它的外部迅速受热膨胀，而里面受热要比外部晚一些，温度也相对低一些，所以膨胀得就要比外部小；相反，把烧热的石头放在冷水里进行降温的时候，受冷水的作用石头的外面温度迅速降低而急剧收缩，而内部温度降低得就要比外部晚一些，慢一些，所以收缩得也就小一些。这样，在石头温度升高或降低的过程中，它的里面和外面膨胀或收缩的速度和程度就不一样。一块整体的石头，内部和外部膨胀收缩速度程度都不一样，不难想象，这块石头肯定会受到损坏。大自然中的石头也一样，白天在太阳的照射下，温度升高，夜晚温度就会下降。这种昼夜温差的变化，虽然不像我们试验中那样强烈，但天长日久也会慢慢对地表的石头造成破坏。

上面我们介绍的风化作用，是在温度变化的作用下，石头的形状裂开了、剥落了，也就是发生了物理上的变化，但石头的化学成分并没有改变，原来是什么石头，现在仍然是什么石头。所以，科学家们把这种风化叫作物理风化。物理风化是风化作用的一种，除了物理风化外，还有好几种风化作用呢！

找一块烧石灰用的"青石头"，科学家们把这种石头叫作石灰石。往石头上轻轻滴上几滴我们平常吃的醋，这时你就会发现，石头上滴上醋的地方就会泛起白沫并发出"刺、刺"的响声，过后仔细观察你就会发现，滴上醋的地方会出现小小的麻点。食醋是一种酸，酸具有强烈的腐蚀作用，上面我们的试验实际上就是酸对石头的腐蚀作用。我们知道，空气中含有二氧化碳，二氧化碳溶进水里就是酸，这种酸虽然很弱，但是时间长了也会对石头造成很强的腐蚀作用。除了二氧化碳之外，空气中还有氧气，而氧气恰恰是一种很强的氧化物质，很多物质在氧气的作用下，都会被慢慢氧化掉。比如我们日常生活中用的铁锅、自行车等时间长了就会生锈，实际上"生锈"就是铁或其他金属被氧气氧化掉了。不管是酸的腐蚀作用还是氧气的氧化作用，都会使大自然中的石头表面上的东西慢慢变成其他的物质，致使坚硬的石头慢慢疏松、瓦解。很显然，石头的这种变化，和前面介绍的物理风化不同，不仅石头的形状发生了变化，同时它的化学成分也变了，完全变成了其他物质。科学家们把这种风化作用叫作"化学风化"。

除了物理风化和化学风化，地球上的生物对地球表面岩石也会造成影响。比如，生长在石头缝中的小树，一方

酸对石头有着腐蚀作用

面树根会慢慢把石头缝撑大，对石头造成物理上的破坏；同时，树根分泌出的酸性物质也会使岩石腐蚀、分解。所以，生物对岩石的作用既有物理的作用又有化学的作用。科学家们把生物对岩石的这种作用称为"生物风化"。

如果仅仅是风化，风化后产生的物质仍然留在原来的地方，这些风化物质越积越厚，就会把原来的岩石掩盖和保护起来，使得风化难以继续进行。可是，大自然中除了风化作用外，还有专门"负责"把风化后的物质弄走的"力量"，这就是剥蚀和搬运。剥蚀，就是把风化后的物质从原来的岩石上剥离开；搬运，就是把已经剥离开的风化物质搬走。我们这里讲的"搬运"，可不是搬运工人搬运货物，而是一种把风化物质搬走的自然作用，是大自然的"搬运工"。有了剥蚀和搬运，风化作用就可以不停地进行。你看，多有意思啊，风化和剥蚀搬运就像是一对共同作案的"小坏蛋"，"狼狈为奸"，共同完成了对岩石的"破坏活动"。

那么，到底是什么东西将风化后的东西剥蚀掉又搬运走的呢？主要有三种东西。首先就是"水"。我们常说"洪水

不可忽视的风化作用

无情"，流水对地表的冲刷作用是非常强烈的。风化后的东西，脱离了原来的岩石，就会被流水冲走。由山顶冲到山谷，由山谷冲到河流，再由河流冲到大海。河流里的沙子、海边柔软的沙滩都是由流水从遥远的山上"运"来的。

除了水之外就是风。风对风化物质的剥蚀和搬运作用也是非常强烈的。有人可能说：风能有多大力量呀？它还能把石头搬走。可不要小看了风，在干旱少雨的沙漠地区，风可是最主要的"搬运工"了。一方面风可以将风化后的东西吹走；另一方面风吹起速度很高的沙粒对其他岩石有很大的磨损作用，可以加速岩石的损毁。我国西北黄土高原上几百米厚的黄土，都是风从千里之外的西北沙漠地区"搬"来的，你说风的力量大不大！

除了水和风之外，在冰川地区，冰川也是主要的搬运力量。冰川是高山上慢慢向下滑动的巨厚冰层，这些冰层是高山上的积雪经过不断积累形成的。冰川的移动速度非常缓慢，但它的搬运作用却非常大。它可以把山上的巨石推到山下，同时还可以像推土机一样，在冰川下面的地表上"挖"出一条深深的槽沟。

如果说内力地质作用造就了高山的话，风化、剥蚀、搬运等外力地质作用就是要把这些高山"削平"，逐渐夷为平地。有的科学家估计，各种外力地质作用，每年可以把地表"磨"掉0.1毫米，如果没有内力地质作用不断"造山"的话，只需1000万年，地球上的全部高山峻岭就会被风化、剥蚀、搬运到海洋中去，到那时，地球将全部被海水淹没。

● 奇秀山峰的由来

地质作用这位孜孜不倦的"美容师"把地球的"面目""整理"得千姿百态、奇形怪状，那就让我们做一次免费旅游，探究一番奇秀山峰的来历吧！

我国从南到北，从东到西，大多是巍峨险峻的高山，或者是高低起伏的丘陵，如果计算起来，全国山区面积要占到全国陆地总面积的2/3左右。你可能会感到奇怪：为什么我国的山特别多呢？

这是因为近1亿多年以来，地壳运动在我国进行得特别强烈。最显著的地壳运动有两个时期。第一个时期是从1.3亿年前开始，到7000万年前左右告一段落。这时候在我国许多地区，地壳因为受到强有力的挤压，褶皱隆起，成为绵亘的山脉，北京附近的燕山，就是这一运动典型的代表。科学家把出现在这个时期的强烈的地壳运动，总的叫作燕山运动。目前我国地势起伏的大体轮廓，就是在燕山运动中初步奠定的。再一个时期是近3000万年以来，我国又成为地球上一个地壳运动强烈的地带，高大的喜马拉雅山从海底崛起。不仅是喜马拉雅山，我国许多地方都表现出地壳的活动增强了，特别是西部地区，隆起上升的现象很显著，许多在燕山运动中已经形成的山岳再次被抬升，这种变动直到今天还没有完全停止下来。

假如山岳从地面凸起以后，稳定下来，不再上升，由于风、水、阳光、生物等自然力的破坏，时间久了，会逐渐被削低甚至被夷平，所以世界上有许多地方是从古老的大山变成的低丘和平地，这种地方一般是地球历史近期中地壳比较稳定的部分。我国许多地区的情况恰恰相反，地壳的活动性在这个阶段仍然很强，用地质的时间观念来看，许多山岳形成还不久，而且现在还在继续升高，所以我国的山特别高、特别多。

● 险峻的三峡

"自三峡七百里中,两岸连山,略无阙处,重岩叠嶂,隐天蔽日,自非停午夜分,不见曦月。"这是古书《水经注》中对长江三峡风光的一段描写。你瞧,两岸连绵的山峰是这样陡峭高峻,以至非到正午或半夜,太阳或月亮当顶的时候,在三峡才能看得见日月。

上面的描写并不是文学家过分的夸张,全长200多千米的三峡,确实非常险峻,两岸的山峰很多高出江底500余米,而且像直立的墙一样夹住江水,江面最狭处只有140米,水流很急,河道曲折,险滩又多。

为什么长江三峡会这样险峻呢?这也是地质作用这个"美容师"的功劳。

原来在1亿几千万年以前,四川盆地本来是大海的一部分,后来由于地壳上升逐渐变成了内陆湖,接着地壳的运动缓和了一个时期,到几千万年前时,这个湖的东侧形成了一道南北向的分水岭,就在今天三峡一带。那时分水岭东侧的水向东流出,分水岭西侧的水则流进湖中。流水不断冲刷,在分水岭

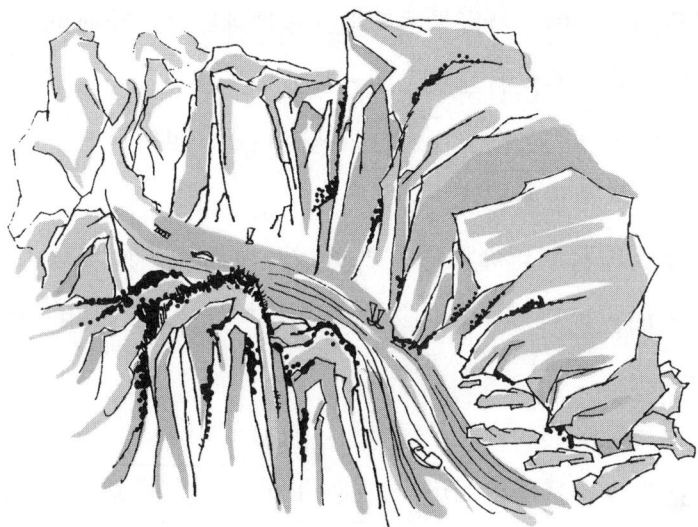

险峻雄伟的三峡

上冲出了一条条山沟，并且一天天扩大、加深、延长，终于将分水岭切割出一条通道，长江的这一段就形成了。在分水岭被打通后的一段时期内，那一带的地势并不十分险峻，但是后来这里的地壳不断上升，江水不断冲刷，险峻的三峡就形成了。为什么呢？如果地壳不上升，当河谷被流水冲刷到河面与海面的高度接近时，向下冲刷的力量就要大大减弱，甚至消失，河水主要破坏两岸，拓宽河谷，河流两岸的高地也逐渐被夷平。而在地壳不断上升的地方，在流水不断冲刷河底的同时由于地壳上升，河底还在抬高，因此河底总是保持较高的高度，河水就一直具有强大的向下的冲刷力，而来不及向两岸扩展，因此就使两岸显得愈来愈高峻了。深陡的峡谷的出现成为地壳上升的标志。

　　我国许多地区特别是西部地区在地球最近历史时期都在上升，所以我国不仅有三峡，还有其他许多峡谷。一直到今天，这些地区上升的运动还在进行，峡谷也还在继续生长。

不断长高的珠穆朗玛峰

　　登上珠穆朗玛峰以后，就海拔高度来说，照理登山记录是不可能再被打破了，因为珠穆朗玛峰是人所共知的世界第一高峰。

　　但是，我们要说这是完全可以打破的纪录，只要我们一次又一次地去攀登珠穆朗玛峰，就可以不断地创造新纪录。因为喜马拉雅山正在上升，珠穆朗玛峰也会有一定程度的升高。喜马拉雅山过去是海，在地球最近的历史时期才隆起成为大山，仅仅在10多万年前以来，速度曾达到过每100年上升12~13米。直到今天，这种上升运动还未停止。1950年中印边境发生了大地震，据有些人计算，珠穆朗玛峰因为这次地震的影响，大约升高了61米。当然，这个材料还不一定完全可靠，但喜马拉雅山正在上升，则是千真万确的事实。

秀丽的桂林山水

　　桂林一带，山奇水秀，风景美丽，一向有"桂林山水甲天下"之称。这里的风景是不是比我国其他所有的风景区都更美丽呢？可能每个人的看法不完全一样。但它确乎有点与众不同，别具风格，使人在看惯了一般的山水后，再看到桂林山水时，特别感到清新。

　　桂林山水有什么独特的地方呢？唐代文学家韩愈的诗句"江作青罗带，山如碧玉簪"，形象而深刻地揭示了它的特点。你看江水是这样清澈，天光山色映在其中，犹如图画。更加奇绝的是那峻峭的群峰，林立的怪石，它们的形态千变万化，看起来好像凶猛的野兽、锋利的刀剑、英俊的武士、苍劲的老人……它们还常常平地青云，奇峰突起，就像清代诗人袁枚所描绘的："来龙去脉绝无有，突然一峰插南斗。"你想想，在那绿色的田野中，甚至在热闹的大街上，竟会有孤峰怪石突然耸立，这是多么罕见的景色。

　　在这些山峦里，还常有曲折的洞穴隐藏其间，洞中常有泉水淙淙流出，奇石盘曲蜿蜒，这就使桂林山水更加引人入胜。

　　是谁创造了如此罕见的奇景？也是地质作用这个勤劳的

"桂林山水甲天下"

地球"美容师"。许多万年以前，汪洋大海淹没了广西一带，在海底沉淀了大量的石灰质，形成了很厚的石灰岩，分布也很广阔，以后由于地壳运动，海底升起变成了陆地，这时流水将石灰岩溶解带走。石灰岩的成分是碳酸钙，它能慢慢被水溶解，特别当水中溶有二氧化碳时，溶解它就更容易。因此溶解是石灰岩受到破坏的主要方式，这种破坏方式使岩石在破坏后不会形成大量泥沙使江水浑浊，而是溶于水中，因此江水能够保持清澈。同时破坏的过程也不像一般岩石那样总是由表及里、层层剥落，而是水流到哪里，哪里就受到破坏。水往低处流，只要石灰岩有裂缝，水见缝就钻，日子久了，就将裂缝溶成空洞，不断扩大。如果这里裂缝是直立的，空洞就会扩大成漏斗状的洼地，当它们继续扩大到彼此连通时，在它们之间就只剩下孤立的残柱，这就是我们看到的奇峰怪石。还有些裂缝曲曲折折地深入石灰岩内部，溶解扩大后就成为复杂的洞穴。

事情已经相当清楚了，那分布较广的很厚的石灰岩，是形成桂林山水的物质基础，要是石灰岩太少，就会完全或大部分被溶解掉，剩不下多少东西来形成奇山了。石灰岩不仅要多，还要质地纯粹，除碳酸钙以外，杂质含得少，才较易溶解。当然这还需要石灰岩中有较多的裂缝，这些裂缝常对洞穴的分布起着控制的作用。

我们还看到，水是造成奇峰怪石的主要力量，当岩石的透水性好，降水又很丰富，地下水无论是排出还是补充都很流畅时，水的运动就激烈，有利于石灰岩地形的"发育"，一些奇峰异洞也就容易产生。在广西，由于河谷切入地下很深，地下水大量向河中宣泄，地下水的水面比较低，加上其他条件也很齐备，因而出现了桂林山水。要知道这些条件并不是很容易凑在一起的，全世界石灰岩所占的面积很大，可是像桂林山水这样美丽的风景却很少见。

没有山峰的山

提起山我们首先想到的是高耸入云的山峰。的确，多数山都有尖尖的山峰，或者群峰连绵，或者孤峰独立。你见过没有峰的山吗？但是，在山东的沂蒙山区却有许多这样没有峰的山。这些山，多数山腰陡峭挺拔，而山顶却平展坦荡。当地的老百姓把这样的山叫作"崮"。崮的山顶非常平展，小的方圆几亩，大的上百亩，上面一般都有茂密的植物，可以开荒种地。崮是怎么形成的呢？

科学家们把崮叫作桌状山或方山。这样的山一般上面的岩石比较坚硬，而下部的岩石比较松软。这样在风化剥蚀的过程中，下部形成了悬崖陡壁，而上部却没有被风化剥蚀成山峰，仍然保持住了原来的平展状态。这样，没有山峰的山就形成了。

没有峰的山的名字都非常有意思。比如，山东沂蒙山区有名的孟良崮，传说宋代的孟良曾经在这里落草为寇，做过山大王。解放战争时期，人民解放军在这里消灭了国民党王牌军74师。后来，这段故事被拍成了电影《红日》，从而使孟良崮名声大振。在河北省石家庄的西面，也有一座没有峰

山东沂蒙山区的"崮"

的山，当地老百姓把这座山叫作抱犊寨。抱犊寨的山顶方圆上百亩，土地平展肥沃。传说，过去有一位农民想到山上开荒种地，但从山下到山上只有一条崎岖的险路，牲畜根本上不去，怎么办呢？这位农民想了一个主意，他买了一只小牛犊，把它抱上山，在山上把这只牛犊养大，然后用它耕田种地。由此这座山得名抱犊寨。

流水造就的石林

不知你是否到过云南省的路南县，如果到过的话一定会为那里石林的壮观景象而惊叹不已。那里的石头有的像是一根根大大小小的柱子，有的像一座座直立的山峰，密密麻麻竖立在起伏不平的地面上。穿行其间，仿佛进入一片石头组成的树林，令人拍手叫绝，不由地赞叹大自然的鬼斧神工般的魔力。石林是怎么形成的呢？实际上这是化学风化的"代表作"。

原来，路南地区的岩石主要是石灰岩，这种岩石在酸的作用下就会溶解。另外，这种石灰岩，有好多直上直下的裂缝。前面我们已经介绍过，空气中的二氧化碳溶于水中就会使水具有酸性，这种带有酸性的水沿着石灰石的裂缝往下流，就会使裂缝两边的岩石慢慢溶解、消失，使裂缝不断增大，慢慢地裂缝越来越大，原来的岩石就变成一根一根的石头"柱子"。这样，经过漫长时间的变化石林就慢慢形成了。

冰川搬来的"桌子"

在我国的旅游胜地庐山的西谷大林路庐山中学的门口，有两块巨大的石头，叠放在一起，好像一张巨大的石桌摆放在路的当中。"桌面"长5.6米，宽2.9米，高1.3米；底座长8.9米，宽6.1米，高4.5米。奇怪的是这两块石头，与它们周围山上的石头完全不同，也就是说，这两块石头是从别的地方"搬"到这里来的。那么是谁将它们"搬"到这里，又将

人间美景云南石林

它们"摞"在一起的呢？谁又有这么大的力量呢？原来这张巨大的"石桌"是冰川搬来的。

大约在200万年前，地球的气候发生了一次巨大的变化，气候不断变冷，地球两极的冰雪不断向赤道推进，到处是一片冰天雪地，科学家们把这种地球变冷的时期叫作地球的"冰期"。当时的庐山也是银装素裹，满天飞雪。天长日久，雪越积越厚，下面的雪在上面雪层的压力下，逐渐变成了"冰川冰"。这种冰有一定的可塑性，在重力的作用下，由山上慢慢向山下流动。这种流动的冰就是活动冰川。那些挡在冰山前面的岩石，就会被活动的冰川积压、碾碎，冰川两侧山坡上滚落到冰川上的大小石块，就会被冰川带向远方。科学家们把这些被冰川搬运的大小石块，叫作冰川漂砾。意思是："漂"在冰川上的石块。后来气候变暖，冰川融化，这些石块就会被留下，横七竖八地堆积起来。横卧在庐山中学门口这两块巨大的石块，就是200多万年以前，冰川活动遗留下来的所谓的冰川漂砾。科学家们有的把这种冰川漂砾叫作"冰桌"。大自然的力量真是太神奇了！

● 大风"修建"的"鬼城"

在我国新疆罗布泊一带的戈壁沙漠中，有一座神秘的"城堡"。步入城堡，你就会发现仿佛走进了古罗马的遗址废墟，有残垣断壁的高大"教堂"，有缺砖少瓦的雄伟"宫殿"；又好像踏上了埃及的国土，这里有"金字塔"，有"狮身人面像"，更多的是那些宛若迷宫的狭小"街巷"。但是很少有人进入这座"城堡"的腹地，因为迷宫般的街巷很容易使人迷失方向，而一旦迷失方向，就很难再走出这座城堡了。

那么，这座"城堡"到底是谁建造的呢？多少年来没有人知晓，所以，这座城堡又叫"鬼城"。后来，经过科学家们的研究，终于弄清了"鬼城"的来历。答案也许令人吃惊，这座所谓的"城堡"，根本就不是人建造的，而是风的杰作。也就是说，它根本就不是什么城堡，而是风的作用形成的一种地貌形态。

大风是沙漠的主宰，沙漠世界的一切无不受风的支配和

大风修建的鬼城

影响，每当大风刮起时，整个沙漠便飞沙走石，尘土飞扬。这时的狂风，夹杂着大量的沙粒，这些随风高速运动的沙粒，就会像亿万把锋利的刻刀，雕刻着阻挡它们的岩石，由于岩石的软硬不一，软的岩石，就会被首先磨掉，使本来完整的岩石，出现沟壑。这样在风沙长期的"雕磨"之下，这些沟壑不断加宽、加深，就会形成一座座酷似城墙、楼房、殿堂的巨大岩壁。由于在局部风向、风力都会有变化，这样就使得这些"建筑物"出现各式各样的形态。更有趣的是，风还可以在这些巨大的岩壁上，凿出"窗户"来。原来，有些岩壁上，夹着一些与岩石本身结合不太紧密的砾石，这些砾石很容易松动，风先把这些砾石吹掉，这样完整的岩壁上，就会出现一个洞眼，然后风沙从洞眼穿过，就会像砂轮一样打磨着洞眼的内壁，使洞眼越来越大，慢慢就变成"窗户"了。这些风造的"窗户"成排地出现在岩壁上，远远望去使人觉得像真的建筑物一样，难怪人们容易被"鬼城"迷惑了。

● 神秘失踪的古楼兰

在我国汉代的西域，有一个楼兰王国。据史书记载，楼兰古城就是古楼兰王国的国都，它是当时东西交通的枢纽，丝绸之路的西部门户，是西部商业、农业、交通和文化的中心。那时的楼兰城，商贾云集，贸易繁荣。但是，到了晋代，楼兰王国却从地图上消失了。历史给这个灭亡了的古国披上了一层神秘的面纱。现代，经过科学家们的研究认为，使楼兰古国灭亡的直接原因就是无情的风沙。

当时的楼兰国正处在孔雀河流入罗布泊的三角洲上，水土肥美，万木成林，物产丰富，生活安定。但是，由于过度的砍伐，森林面积迅速减少，绿色屏障的消失，使得西面毗邻的塔克拉马干大沙漠的风沙，长驱直入，横扫整个楼兰王国，昔日肥沃的土地大片大片地变成荒漠。加上孔雀河改道，罗布泊缩小，干旱加重，楼兰国失去了基本的生存条件，百姓成批迁徙，一度十分繁荣的楼兰王国就这样灭亡了。风沙对人类的影响真是太大了。

不仅如此，在沙漠里，我们往往会看到一些像蘑菇一样的石头，细细的把儿顶着一个大大的盖子，这就是沙漠特有

神秘失踪的古楼兰

的"石蘑菇"。石蘑菇是怎样形成的呢？和"鬼城"一样，石蘑菇也是风沙的杰作。原来，形成石蘑菇的岩石，一般都是上部比较坚硬，而下部比较松软，这样风沙袭击的时候，下部就会比上部"磨损"快，这样下部越来越细，慢慢就变成蘑菇的样子了。不过这样的蘑菇可千万不能吃啊！

● 会"爬"的石头和会"飞"的河流

在美国的加利福尼亚有一条死谷，这条死谷内有一种非常奇特的景观，干涸的湖面上，遍布着会"爬"的石头。原来死谷内有一个干涸的湖泊，在干涸的湖底上有许多巨大的石块，有趣的是这些石块的后面都拖着一串长长的"爬行"的"足迹"。显然，这不是人力所为，那么，是什么力量使大石块在湖底上"爬行"呢？经过认真的观察研究，科学家们发现，这是风在起作用。原来这个地区是干旱地区，平时降雨很少，所以湖底是干涸的，当一场难逢的暴雨过后，湖底的泥面就会变得十分光滑，如果这时，谷地恰好刮起大风，石块在风的吹动下，就会像溜冰一样在湖底滑动，并留下一串串滑动的"脚印"。

俗话说："天上下雨地下流"，地下的水也只在河道里流，你见过飞上天的河流吗？

世界之大，无奇不有，在我国的新疆就有一条会"飞"

的河流。这条河就是横跨天山山脉的白杨河。白杨河只有几十千米长，流量也不大，但白杨河的河谷却是贯通天山南北的通道。每年秋天，从西伯利亚南下的冷空气，受到高耸入云的天山的阻挡，就会涌向白杨河谷这个横跨天山的缺口，河谷内冷空气像肆虐的洪水一样，狂奔南下，形成一股强风，这时的白杨河谷就变成了一条"风道"。大风铺天盖地而来，河水被大片大片抛向空中，又被撕成碎片，在空中断断续续连在一起，顺河而下，形成了"白杨河无水，水在空中流"的壮观景象。

六、地球的怒吼

　　我们每天都生活在地球上，感觉地球好像非常稳定、牢靠，其实在我们脚下的深处，地壳、岩浆等的活动一刻也没有停止过，它们"折腾"的欢着呢！只是这种活动多数情况下对地表的影响是一种缓慢的渐变过程，我们感觉不到罢了。

　　在野外我们经常会看到呈层状的岩石弯曲、变形、断裂，其实这都是经过长期的地壳活动慢慢形成的。青藏高原原本是一片大海，由于地壳活动慢慢隆起变成了今天的"世界屋脊"。地壳渐变式的活动人们很难察觉，但是地壳有时也会有剧烈的活动，或岩浆从地壳下喷出，这时人们就会直接地感觉到地壳在运动着。在这种情况下，大地就好像发疯了一样，往往会对人们的生产和生命造成重大损失。

● "魔鬼的烟筒"——火山爆发

　　火山爆发是地球上非常壮观的自然景观。火山喷发的时候，浓烟滚滚，烈焰熊熊，火山形成的火山灰，随风翻滚，遮天蔽日，一股股炽热的岩浆，顺着山坡向下蠕动，侵吞着树木和良田。古代欧洲人不明白火山形成的真正原因，以为这是地下的魔鬼在拉风箱生炉子，因此把火山叫作"魔鬼的烟筒"。

圣海伦斯火山，位于美国西北的华盛顿境内，喀斯喀特山的北段。在1980年3月27日，圣海伦斯火山先是飘出大量的气体，像一口正在沸腾的蒸汽锅，打破了山体以往的宁静与安详。空气中充满了浓浓的硫磺味，当地警察指挥着居住在圣海伦斯山下的居民们撤离越来越危险的家园，进山的路口被严密封锁，阻止住去打猎和野游的人们。

很显然，圣海伦斯火山正面临着爆发的危险。可是，一天天过去了，一个月又过去了，火山并没有爆发，仍然只是咕嘟咕嘟地冒着白气，于是人们变得不耐烦了，人们认为当局是在小题大做。毕竟这座火山已经有123年没有发作了。满山茂密的植被覆盖着圣海伦斯山雪线以下的山体，100多年以前的火山爆发在这里已经没有了任何痕迹。5月18日这一天，有居民吵着要冲破警戒线回家去看看，游客们干脆搬开路障，开车直奔圣海伦斯山绿树林立的山脚下，这时就连警察也觉得自己的差事实在讨人嫌，人们全然没有意识到即刻就要来临的巨大危险。

突然火山喷发了，山中的游人听到整个山体都在发出一种恐怖的怪啸，接着火山被前所未有的气体压力嘭地掀开，火山气体与火山灰形成的烟云瞬间直冲2万多米的高空，压抑已久的火魔——熔岩流也瞬时找到了通道，它以闪电般的速度冲出火山口，开始了它摧枯拉朽般的攻城拔寨。

埋没道路，堵塞河流，吞掉房屋，引燃森林大火，追逐那些拼命奔逃的人们和野生动物。转眼工夫，周围几十千米的地方，所有的动物、植物就全绝迹了。

当火山发够了威风，熔岩流停止了它的攻城拔寨，新的灾害又袭来了。圣海伦斯的山地冰雪被炽热的火山气体烤化，冰雪融水顺山而下，形成湍急的山洪，加上上升气流中携带的大量从火山喷出的水蒸气，在高空凝结成浓重的雨云，暴雨倾盆而下，又助长了山洪的气势。暴涨的洪水又以比熔岩更迅猛更持久的冲击力，又一次横扫饱受火魔蹂躏的地区。还以十足的劲头冲向更远的农田和森林，致使390千米²的土地变成了没有生命的蛮荒之地。

这次火山过后，有60多人死亡，圣海伦斯附近的地形也发生了改变，许多河流被迫改道，那大量的火山灰竟随高空气流飘到了4000千米以外的地方。而原来的圣海伦斯火山锥顶部塌陷，形成了一个长3千米、宽1.5千米、深125米的新的火山口。

● 地壳运动最直接的证明

火山有活火山和死火山。人们把那些正在活动期或周期性发作的火山叫作活火山；没有活动记录处于宁静期的火山称作休眠火山；而那些火山结构已遭到严重破坏的则是死火山。我们通常所说的火山就是那些正在喷发和随时有可能喷发的活火山。目前地球上的活火山共有1500余座。

科学家们研究发现，目前地球上的火山主要分布在四条火山带上：

第一，太平洋火山带。这是地球上最长最大的火山带，它集中了地球上五分之三的火山，这些火山环列在太平洋东西两岸和太平洋南部的岛屿上。

第二，地中海-喜马拉雅-印度尼西亚火山带。这条火山带横贯欧亚大陆，占据了地球上五分之一的火山。

第三，大洋中脊火山带。这些火山带分布在连接各大洋的海底中脊上。

第四，红海-东非大裂谷带。

由此可以看出，火山带一般存在于两个板块的接触带上；或者在海底扩张的裂谷带上，而裂谷带实际上也是两个新形成板块做背道而驰的运动的地方。

前面我们已经知道，到了中生代的时候，泛大陆又开始逐步解体了，在大陆的里面先是出现了狭窄的大西洋和印度洋，以后这两个新生大洋的面积不断扩大，而原来统一的大洋——古太平洋的面积却在不断缩小，这就好像位于古太平洋周围的大陆边缘一齐向着它挤过去似的。这就使得位于古太平洋周围的大陆边缘发生强烈的火山和岩浆活动、沉积和随后的造山作用。这就是著名的太平洋火山带。这个火山带正是太平洋东西两岸板块相互运动的结果。在太平洋东岸，由于太平洋板块俯冲下插美洲大陆的运动，从而形成了太平洋东岸的火山带，随后又出现了雄踞在美洲西岸的落基山脉和安第斯山脉；而在太平洋西岸，由于太平洋板块俯冲下插欧亚大陆的运动，从而形成了太平洋西岸的火山带，我国的东部，包括贺兰山、六盘山、四川西部、云南东部各个山脉以东的广大地区，都处在环太平洋火山带作用的影响之下。

我们再来看一下地中海火山带。由于到了新第三纪时，非洲板块和阿拉伯板块的向北漂移，与欧亚大陆板块在古地中海相遇，从此形成了地中海火山带。在距今大约20万年前，维苏威火山在地中海火山带形成。公元79年，正是由于它的猛烈爆发，才埋葬了罗马古城庞贝城。

● 远隔重洋的大劫难

火山，这个"魔鬼的烟筒"，它是地球呼吸的通道，是地球宣泄的出口。每一座火山都有一个完整的结构，它有火山口、火山喉管、火山颈、火山锥。熔岩从深深的地壳之下沿火山喉管喷出火山口，喷发停止时，冷凝的熔岩充塞住火山通道，形成粗大的火山颈，而那些喷出物则在通道口堆积成一个锥形的火山锥。

一般说来火山喷发有两种类型：裂隙式喷发和中心式喷发。

　　裂隙式喷发的火山比较温和，这类火山的熔岩沿地壳中的断裂带溢出而不是喷出地球表面，火山碎屑和气体很少，岩浆的黏性小，属基性玄武岩浆，它们溢出后往往形成玄武岩高原，或在大地上盖上一层薄薄的熔岩被。

　　中心式喷发就不同了，它那充满不可一世的震天撼地的气势，真应了它的"美名"——"魔鬼的烟筒"。这种火山一旦爆发，往往就伴随着可怖的大爆炸，大量被蒸发的地下水和尘埃从火山口直上云霄，形成旋转着的巨型烟柱，熔岩嘶吼着沿标准的火山喉管喷出，在高空喷放着长长的火舌。它们犹如一个邪恶的火魔，唯一的目的就是吞噬和毁灭。

　　位于意大利西西里岛东北部的埃特纳火山也处在地中海火山带上，它是欧洲最高的活火山，海拔3290米。科学家们从地质史上来分析，埃特纳火山从第三纪末就开始喷发了。人类史书上记载它的首次喷发是在公元475年，至今埃特纳火山大概已经喷发了200余次。最凶猛的一次是在400多年前，即1669年，它竟连续喷发了4个月的时间，一共喷出了7.8亿米^{3}的熔岩，这个"魔鬼的烟筒"这次竟吞噬了2万多人的生命。进入20世纪，埃特纳火山依然桀骜不驯，在百余年里，它竟喷发了10次。1981年3月17日，埃特纳火山再次向人类展示了它的风采，熔岩流从东北部火山口垂直冲向高空，瞬间凝固成火山弹和火山渣，铺天盖地地轰炸着地面上的森林、果园和大片房屋。今天，埃特纳火山仍然在蓄积着能量，谁也不知它下一次在什么时候再次喷发出来。

人类历史上因火山造成的大劫难不胜枚举，甚至往往远隔万里之外的生命也跟着遭殃。埃特纳火山在公元前42年曾有过一次剧烈的大喷发，当时中国正在西汉元帝年间，据记载，夏季里，不知什么原因，忽然太阳长时间地被遮住了，太阳就这样神秘地失踪了。没有阳光照射，农田里的庄稼大片地死亡，人们流离失所，背井离乡，广阔的田野乡村，一片凄惨的景象。那时的人们不可能想到罪魁祸首在遥远的地中海的西西里岛上。实际上，那时的中国人甚至就连西西里岛在什么地方也还不知道。

在1815年春天，印度尼西亚松巴瓦岛上的坦博拉火山连续喷发数日，大约10 000名岛上的居民被火魔的巨口吞噬，大片农田遭到毁坏，在随后的大饥荒中又有82 000人病饿死了。那大量的喷向高空中的火山灰飘浮在大气层，部分地遮挡住了射向大地的阳光。谁也不会想到第二年的6月，灾难竟然降临到了欧洲的英格兰大地上，那里的气温骤然降低，大雪竟横扫整个夏季，波罗的海沿岸的各个国家也在凄风细雨中瑟瑟发抖地度过了整个夏季，粮食几乎颗粒无收，造成了严重的食品短缺。

自从现代的科学家们弄清了大气环流，各个国家历史上那些突发的没有来由的灾难天气，那些异常的变故，仿佛都找到了元凶。公元前209年，冰岛的一次火山爆发，又使距离遥远的中国吃尽了苦头。据记载，这次火山爆发的第二年，中国境内有3个月不见星辰，大地颗粒无收，饥民饿死半数以上，甚至发生了人吃人的惨景。

可见火山爆发所造成的灾难，远远超过了局部的范围，它甚至达到了漂洋过海的程度。甚至生命史上一些重大的灭绝事件也被与火山爆发联系了起来。

● 恐龙大灭绝

一提到生物大灭绝，人们首先就会提到恐龙。因为在整个中生代，可以说是恐龙主宰的世界，或者说就是恐龙的世界。然而，不可思议的是，为什么恐龙就突然从地球上消失灭绝了呢？

恐龙生活在地球上，从三叠纪中期（约在距今2亿2000万年前）到白垩纪末期（在距今6500万年前），称霸于地球

曾称霸于世的恐龙

达1亿5000万年之久。当时它们遍及大陆的每一个角落，它们的族类还横行于天空和海洋。但地球的历史进入到新生代时，它们却全部灭绝了。不仅恐龙，据科学家们统计，在那个时期，约有70%的生物灭绝了。在中生代的末期，地球无疑发生了一场空前的大劫难。

于是人们提出，6500万年前地球上到底发生了什么呢？关于恐龙的灭绝原因，有人曾做过统计，人们提出的假说多达60余种。但主要不外乎于天灾地祸或恐龙本身的原因等。

其中一种假说就认为，正是剧烈的地震和火山爆发才导致了恐龙的灭绝。特别是大规模的火山爆发时，大量尘雾及一氧化碳等毒物可以造成遮蔽阳光，地球上出现了低温、酸雨等效应，恐龙就生存不下去了。就像1883年印度尼西亚爪哇与苏门答腊间的克拉卡托火山猛烈爆发一样。这次克拉卡托火山从海底猛烈喷发，毁灭了300个村庄，35 000人死亡，200种植物和300种动物死去，随之而来的海啸甚至冲击了1.7万千米之外的西班牙与法国之间的比斯开湾。喷发的火山灰扩散面积达18万千米^2，灰雾遮盖了整个南半球，有4万千米^{3}的喷发物进入了同温层，停留时间达2~2.5年之久。这次火山喷发，使空气的密度增加了1.6×10克／厘米^3，造成了连续数月不见日出的景象。而且还使北半球的气温下降了0.5~0.8摄氏度。科学家们估计，如果在短短的10年之内，发生如此规模的火山爆发10次的话，全球的温度将下降5~8摄氏度，这会足以对习惯于暖热气候的恐龙造成毁灭性的打击。

另外一种假说认为，恐龙的灭绝可能与白垩纪晚期强烈的地壳运动有关。科学家们在加拿大的阿尔伯达省的南部地区，发现了一个"恐龙公墓"，在这个"恐龙公墓"里，每平方千米至少埋藏着100条以上的恐龙。当地政府将此地辟为恐龙公园作为世界性的科学遗址。科学家们研究了当地的地质情况后认为，当时此地是近海沼泽，气候温暖，为恐龙的生存提供了优越的生存环境。可是当到了6500万年前，由于地壳的运动，海陆随之变迁，随着北美大陆的抬升，养育恐龙的沼泽就消失了，恐龙自然就遭到了灭顶之灾。但持异议者却提出，地球其他地方的恐龙又是怎么灭绝的呢？

还有人认为，在距今6500年前，一颗巨大的、能够造成生物灭绝效应的小行星，撞击到了地球。人们甚至在墨西哥的犹加顿半岛及其临近墨西哥湾地区，发现了一个直径达180

人类能够阻止这样大的灾难吗

千米的陨石坑，经科学家们测定，这个陨石坑的年龄在6498万年。这与恐龙灭绝的时间误差是非常小的，这有力地支持了小行星撞击说。如果有这样一场灾难发生的话，恐龙灭绝的后果是可能的的。

● 地球上有过"大西洲"吗

在古希腊有这样一个传说，说在大西洋的中部，有一块神秘的土地，它就是"亚特兰蒂斯"，也就是"大西洲"。传说中的"大西洲"面积比整个非洲还要大，而且气候温和，景色宜人，到处都长满了各种奇花异草，地下还蕴藏了大量的黄金宝石。故事传说"大西洲"不仅在大西洋中长期存在，而且一个勇猛能干的皇帝，在这里建起了"亚特兰蒂斯"王国，盖起了金碧辉煌的宫殿和神庙，修筑了一座座五彩斑斓的城堡，孕育出了繁荣的文明，人们生活幸福祥和。后来突然有一天，它却神秘地失踪了。据说那一天，平静的夜空突然天崩地裂。天空泛起刺眼的蓝光，怒海卷起滔天巨浪，亚特兰蒂斯整个王国彻底倾覆，海洋吞没了它，地球表面再也找不到它的踪影……有的人认为它是在一次剧烈的火山爆发，并由此引起了强烈的地震后，迅速沉入大西洋的。

人们一般认为，从历史资料来看，应当有过亚特兰蒂斯这个地方。但它究竟在哪里，人们的说法就莫衷一是了。南非、北非、西非、亚速尔群岛、锡兰、波罗的海以及安第斯山等处，都曾被当作它的存在地，被人们一遍又一遍地寻找着。

有位名叫福斯特的军官，对亚特兰蒂斯的存在着了迷，认定它就在今天的亚马逊河流域，索性自己亲自带队进入那片丛林寻找，只可惜他一去就再也没能回来。

历史进入20世纪末，人们对神话中亚特兰蒂斯的兴趣不仅

"亚特兰蒂斯" 王国的毁灭

没有消减，反倒更加浓厚。寻找的地方也不仅局限在大西洋，而且越过大西洋，到达了南美大陆。

在南美洲，人们认为传说中的亚特兰蒂斯在今天的玻利维亚。在玻利维亚境内的小波波湖和喀喀湖交界处，有一片宽阔的土地，这里地广人稀，一片萧条。此地位于安第斯山脉。

英国有一个叫艾伦的人，它花了几乎整整20年的时间来研究那里的地图，并多次到实地去查证。虽然他没有提出有力的证据，说明这里就是传说中的亚特兰蒂斯，但他却有足够的证据，证明这里曾经出现过比古埃及、古希腊更古老的文明。只是人们不知道他们为何、以及在何时消失罢了。也许，亚特兰蒂斯将永远是个未解之谜。

● 与人捉迷藏的火山

火山是最难以捉摸的，科学家们对它们可谓费尽了心思，也奈何不了它们。它们以自己特有的方式固守着自己的秘密，好像故意与人们捉迷藏、开玩笑似的。

1963年11月的一天，在冰岛南面的海面上，海水突然翻滚，波涛汹涌，伴随着可怕的巨响，一股浓烟腾空而起。紧接着，一座火山岛在烟雾中升出水面。这一切，恰好被一艘路过此地的渔船碰见，船上所有的人无不目瞪口呆地看着眼前的这一切。这座从海面升起的岛屿，后来被起名叫作苏尔特塞岛，属于冰岛共和国。冰岛共和国新添的这个小岛就是大洋底部断层处的火山爆发所奉送的。

这个小岛是由一座海底火山逐渐上升，最终露出海面形成的。面对这个新诞生的小岛，人们还一度不敢相信自己的眼睛。然而，后来它仍在一天天长大，到了4年后的1967年，它已经长成大约2千米长、175米高的一个海岛，并开始有了绿色的生命。

无独有偶，10年后的1973年7月1日这一天，日本东海大学的调查船在日本本州岛以南海面上，发现有两座圆锥形的黑色岩礁在海面升起。兴奋的人们当即拍摄下了照片，第二天有关的消息及照片就在日本各大报上刊登了。

消息在日本立即引起了极大的轰动。对于狭小的日本国

咦！怎么那个小岛不见了呢？

火山真会给人们开玩笑

土来说，这从天而降的一片国土怎么不令人兴奋呢？谁料仅仅才三天后，当《朝日新闻》和《读卖新闻》的记者闻讯赶往去采访时，却发现那片"国土"已不翼而飞。上帝好像给日本人开了一个大玩笑。

正当人们极度失望之际，2个月后的9月11日，那个消失了的小岛竟又奇迹般地从海面上冒了出来。9月14日，大批日本专家前往考察，人们在那里拍照、参观，好像还怕这个小岛再消失似的。后来，这个新诞生的小岛被命名为西之新岛，西之新岛的面积大约0.24千米^2。

以上活生生的例子告诉人们，陆地及海洋确实不是一成不变的。

● 可怕的地下"恶魔"——地震

我们常说"脚踏实地"，言外之意是说大地是非常稳定可靠的。其实我们脚下的大地一点儿也不稳定，它几乎每时每刻都在"颤动"，这种颤动就是地震。单是我们人类能够察觉到的地震每年就有5万次之多。这就是说，每隔10分钟就会发生一次这样的大地震。那些非常微弱人们感觉不到的地震就更多了，每年高达100万次以上，而具有破坏性的大地震，每年也要发生一二十次。

地震的力量非常强大，我国1976年的唐山大地震，几乎把整个唐山市夷为平地，夺去了24万多人的生命；1906年美国旧金山大地震把旧金山化成了一片废墟。

地震不仅可以在陆地上发生，还可以发生在海底。1960年5月23日，智利沿海700千米长的地壳发生变动也引发了海啸，海啸的冲击波还影响到了太平洋的其他地区。海啸波冲击了智利沿岸后，紧接着又以极快的速度涌向太平洋海域，扑向南太平洋的新西兰、澳大利亚；之后又奔向菲律宾、夏威夷和日本沿岸。海啸以每小时707千米的速度，仅用了14个小时56分钟就走完了10 560千米的路程，到达了夏威夷群岛，用了21个多小时就走完了17 000千米的路程到达日本海岸。海啸所到之处将沿岸洗劫一空。夏威夷死亡61人，伤282人，损坏建筑物537栋；日本死119人，伤872人，房屋、船舶也遭到了严重的破坏。海啸将夏威夷群岛希洛湾内，保护海岸的约10吨重的巨大玄武岩块翻转，并抛到了100多米以外的地方。这次海啸是影响范围最大的一次地震海啸，可

排山倒海般的海啸

以说它横扫整个太平洋。

那为什么地震会引起海啸呢？当地震发生时，海底地壳大范围地剧烈隆起，这一地区的海水也随着一起上升。随海底隆起而上升的几千米深的海水，由于重力的作用，海水有保持一个水平面的趋势，从而在海水上层形成巨大而凶猛的波浪，这就形成了海啸波，向远处传播。这种海啸波在海面掀起滔天的巨浪，以每小时800千米的速度迅速扩散，当波浪涌进浅水海域时，波浪会骤然增高，就像一堵墙一样倾倒在海岸上，从而对岸上的建筑造成巨大的损害。1960年智利的那次大地震，使海底一块大如加利福尼亚州的地块整个一下子上升了近10米，形成的巨大波浪一个星期后才逐渐平息。如果地震发生时，海底地壳不是上升，而是急剧陷落，也可能形成海啸。

从上面我们可以看出，陆地上的地震一般影响的面积在几百千米之内，而海底地震引发的海啸，却可能对上万千米之外的地方造成危害，所以海底地震的破坏力往往更大。

一次地震释放的能量到底有多大呢？科学家们估计，即使是那些人们刚刚能觉察到的地震，也足以将10 000吨的石头升高1米。一次强烈地震释放的能量，大约相当于同时爆炸10万颗原子弹。那么，这样巨大的能量是从哪里来的呢？原来，貌似坚硬的岩石，实际上也有弹性，当它受到地壳运动的积压、拉伸或扭曲时，就会像拉开的弓一样，把力量逐渐聚集在岩石里面，经过长时间的积累，这个力量越来越大，积累到一定程度，岩石再也承受不了这么巨大的力量就会突然断裂，像放开的弓一样，在瞬间释放出巨大的能量，使周围的岩石发生震动造成地震。所以，地震的能量实际上是地壳板块运动的能量在岩石中不断积累造成的。

地震在全球的分布很不均匀。有的地方经常发生地震，有的地方却很少发生地震。在中亚的一些地方，每月就要发生几十次地震，人们对墙壁颤抖、吊灯摇晃，都习以为常了。日本也是一个地震很频繁的地方，被人们戏称为"地震列岛"。而在非洲和澳大利亚大陆的内部，大地总是十分安定，几乎从来没有发生过人们可以感觉到的地震。

科学家们发现，地球上的地震分布很有规律。这就是主要围绕太平洋的"环太平洋地震带"和"喜马拉雅–地中海地震带"。喜马拉雅–地中海地震带从大西洋的亚速尔群岛开始，经过地中海、希腊、土耳其和印度北部，再沿着中国

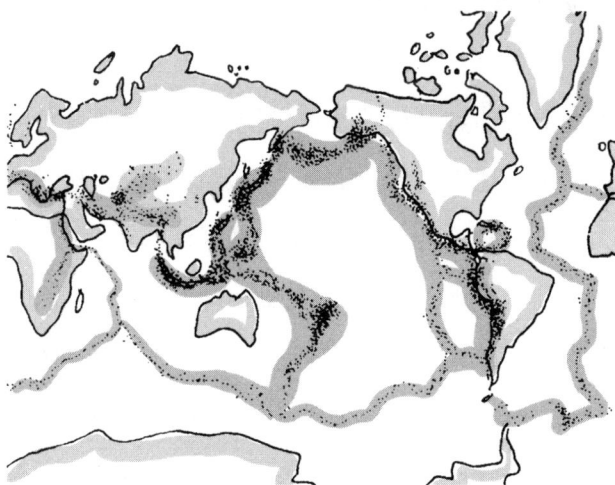

全球地震多发区明显呈带状分布

的西部和西南部向南拐，经过缅甸，到达印度尼西亚，与环太平洋地震带连在了一起。从地震在全球的分布，我们可以看出地震与火山爆发在全球的分布是一致的。从中我们也可以得知，地震也是地壳板块之间相互运动、积压的结果。其中，环太平洋地震带是太平洋板块与南极板块、美洲板块、欧亚板块、印度板块相互碰撞的地方；喜马拉雅 — 地中海地震带则恰恰是印度板块、非洲板块与欧亚板块碰头的地方。由于板块的移动，这些板块接口地方的岩石，受到强烈的积压、扭曲，承受了很大的力量，经常发生断裂，因此多发生几次地震也就不足为奇了。

除以上两个主要地震带外，另外还有与各大洋裂谷走向完全一致的较弱的地震带。这里正是大洋岩石圈增生的地方。

一般来说，强烈的地震往往会给人类带来巨大的损失，可也有例外。1917年7月31日，在我国的吉林省珲春县发生了7.5级地震。可是这次地震却没有造成什么人员伤亡。这是怎么回事呢？

在前面我们谈到"板块构造学说的诞生"那部分时，曾提到在地震带上，在靠近海沟的地方震源比较浅，从海沟向大陆方向去，地震的震源则逐渐加深，最深处可达700千米左右。我们知道，地壳的厚度平均大约是30千米，在地球的不同地方差别很大。在浩瀚的太平洋洋底，地壳的平均厚度只有5~8千米，即使是在我国的青藏高原，地壳的厚度也只有60~70千米。可以看出，较深的地震震源早已经深入地壳的下层，也就是地幔了。地幔的厚度从地壳向下一直到2900千米的深度。

科学家们研究发现，地幔有两个速度变化很大的界面：一个在地下约400千米深的地方；另一个在地下约670千米深的地方。地幔的地下400千米以上叫上地幔；670千米以下到2900千米左右的区间叫作下地幔；400千米到670千米这一段叫作过渡带。从地震波传播速度来看，上地幔又可分为三层：盖层、低速层、均匀层。盖层的底面距大陆地面约150千米，在海洋地区约60千米。一般人们将地壳与地幔的盖层结合在一起合称为岩石圈，从前面我们已经知道，正是岩石圈是地球最活跃的地方，地壳的剧烈变动都发生在这里。

盖层的下面是一个低速层。低速层的底面不管是在大陆地区还是在海洋地区，离地面都在220千米左右。低速层的物质呈一种熔融的状态，就好像糖饼中夹着的融化的糖心。

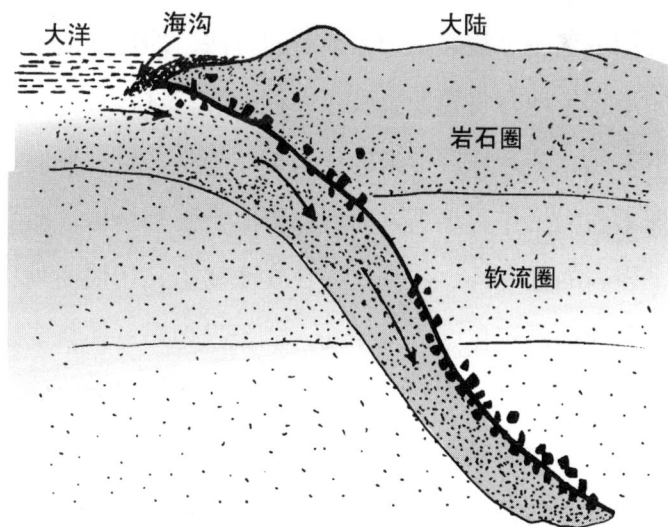

地震震源的深浅有着一定的规律

科学家们认为，在低速层的物质温度本来已经很高，足可以将岩石融化成液体的岩浆，但是这里强大的压力却又紧紧地将岩石"禁锢"住，不让它痛痛快快地融化，因此，这一层就变成了既不是液体，又不是固体，黏稠得像烧红的玻璃一样的东西。这一层黏稠的东西就是我们所说的软流层。

低速层的下面是地震波传播速度比较均匀的地层，叫作均匀层。均匀层的底面距地面约400千米。400千米到670千米这一段就是过渡层。

上面谈到的珲春地震之所以没有造成大的破坏，原因就在于它的震源就在过渡层，距离地面460千米，已经离地面很远。而地震波的传播还要通过低速层，才能到达地面，这就大大缓解了地震波的威力。

强烈的地震往往会给人类造成很大的灾难，所以千百年来，人们一直在寻找准确预报地震的方法，即用什么办法可以预先知道哪个地方将要发生破坏性的地震，这样就可以使人们防患于未然，避开地震带来的危险了。为此，科学家们做了大量的探索性的工作。地震之前岩石肯定会受到挤压，而受到挤压后，岩石的导电性、磁性往往会发生变化，用仪器观察岩石导电性和磁性的变化就可以帮助人们预报地震；在将要发生地震的地方，由于地下岩石的移动，往往地面已经发生倾斜了，这样用精密的仪器观察地面倾斜度的变化，也可以帮助预报地震；地震发生前，由于地下岩石的移动，往往会释放出一些特殊的气体，通过观察地下释放气体的变化，也能帮助地震预报。但就目前的科学技术水平而言，尽管科学家们想了许多的办法，但地震预报仍处于探索的阶段，人们还不能完全把握地震的"脉搏"，从而做到准确地预报地震。但相信随着科学技术的进步，人类一定会攻克地震预报的难关。

然而，仅仅预报和躲避地震却是一种消极的方法，还不是人类和地震斗争的最终目的。人们虽然可以提前离开地震的区域，但城市、工厂、桥梁等人们却没有办法搬走，还是要受到地震的损坏。要从根本上消除地震的危害，人们就必须想办法消灭地震。科学家们在如何消灭地震方面，也做了大量的工作。

1962年，美国科学家发现，在用水泵向一个4000米深的钻井灌水的时候，引起了一连串的小地震。这是什么原因呢？原来，地下的岩层在比较干燥时它们之间的摩擦力很大，即使受到挤压也很不容易错动、断开，只有当力量积蓄得十分强大时，才会突然断裂，而这时就会造成强烈的地震。但是向下灌水后，情况就不一样了。水是一种很好的"润滑剂"，加进水的岩石摩擦力大大减小，受到很小的力量挤压岩石就可能发生错动或断裂，这时虽然也可能发生地震，但因为力量很小只能诱发很小的没有危害的地震。科学家们想，通过这种灌水诱发小的地震，释放地下岩石中的能量，阻止力量的积累，"化大震为小震"，不就是消灭大地震的好办法吗？科学家们正在许多地震频繁的地方进行这种消除大地震的试验，有的还取得了很好的效果。相信在不久

地震造成的地裂

的将来，科学家们一定会想出更好的消灭地震的办法来，彻

底降伏地震这个恶魔。

七、探秘地下宝库

地球不仅为我们人类提供了舒适的居住场所，还在地下为我们人类准备了一个巨大的宝库，这个巨大的宝库为人类生活提供了几乎所有的物质财富，我们人类需要什么，它就能给我们提供什么。我们制造机器需要各种金属，地下宝库就为我们提供了金、银、铜、铁、锡等各种各样的金属；我们需要能源，地下宝库里就有煤炭和石油。

据科学家们估计，仅在薄薄的地壳里就蕴藏着400亿亿吨铝，200亿亿吨铁，4000万亿吨铜，还有40多万亿吨钨和40多万亿吨银，10万亿吨煤、几千亿吨石油，就连非常珍贵的黄金，地壳中也有2000多亿吨。我们人类的文明和进步，就是在不断地开发地球这个宝库，没有这个地下宝库，很难想象我们人类生活会是什么样子！

● 聚集宝藏的神力

我们地球的外壳是由石头构成的，有15~70千米厚。现在我们采矿的活动，仅在它的上层约5千米厚这一部分。

我们现在所用的任何矿藏都可在这层岩层中找到。我们所说的石头就是矿物的堆积体。矿物是几种元素在自然界中生成的化合物，比如黄铁矿是硫和铁的化合物；也还有少数矿物是在自然界中单独存在的元素，比如天然金、硫磺等。地球上矿物的种类很多，我们已经知道的就有2000多种，目前对我们有用的不过200多种。对我们用处不大的矿物，即使聚集得很多，也不能称为矿产；对我们有用的矿物，如果太分散，不便于取用，也不能成为矿产。矿产是又要有用，又要集中。

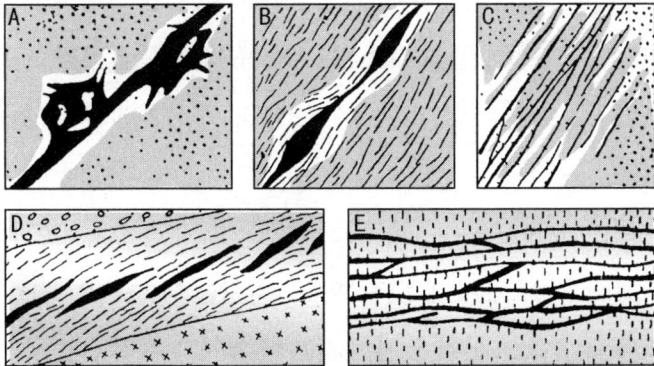

各种各样的矿脉

科学家们对地下16千米以上这层地壳进行了分析，平均算起来，铁仅占这部分地壳总重量的4.2%，最多的是氧（49.13%）、硅（26%），此外像铝（7.45%）、钙（3.25%）、镁（2.35%）、钠（2.4%）、钾（2.35%）、氢（1%）也比较多。其他的元素都不到1%，像铜只占万分之一，银只占千万分之一。

要是元素在地壳中总是这样平均分布，我们就无矿可寻了。幸而在地壳中，元素不是平均分布，在合适的条件下，它们大量聚集起来就生成了有用的矿物，成为值得开采的矿产。

那么，是什么力量使元素在地壳中聚集起来的呢？

海湾里的"化工厂"

黑口湾是里海东岸的一个海湾，又浅又大，一条宽宽的水道将它和里海相连，海水汹涌地流进来，可是不见再流出去，就像海湾底下有个无底洞，再多的海水也装不满。100年以前，一支探险队来到这里，有个勇敢的叫席列布卓夫的人，坐着小船在海湾里找了好几天，他调查的结果证明，这儿没有什么无底洞。可是海水上哪儿去了呢？原来这个海湾的周围是火热的沙漠，海湾简直像口大锅，锅里的海水受着高热的煎熬，水分蒸发了。海水中溶有各种各样的盐，水分跑掉了，盐就慢慢聚集起来。

这里的水蒸发进行得很快，虽然不断涌进了海水，但也仅能维持海湾不致干涸。水没有增多，可是盐却愈来愈多了。多少水能溶解多少盐，是有个限度的，多余的盐不得不从水中分离出来，沉积在海底。盐的种类很多，它们从水中分离出来的早晚也不是一致的。当有的盐类物质，像石膏"感到在海水中太挤"，待不下去了，沉淀在海底的时候，另外一些盐类，像食盐"住在海水中却觉得很宽敞"，必须等到海水中的食盐增加得更多，这才沉积到海底，成为岩盐。

这个海湾就像个"化学工厂"，替我们把有用的盐类分别集中起来。像石膏、岩盐、芒硝、天然碱、硼砂、光卤石等许多矿产就是在类似黑口湾的海湾或内陆湖泊中形成的。

在这个"化工厂"中，有时还有"工人"来帮助工作，这"工人"就是细菌。不过，说它是"工人"也有点儿不妥当，因为它并没有想到要制造什么矿产，而只是为了自己要吃东西。有的细菌喜欢吃铁，有的细菌喜欢吃锰。自然，它们吃下去并不能使铁、锰化为乌有，相反地是替我们从中搜集了大量的金属，并使它们沉积起来。一个细菌是渺小的，但是无数个细菌长期的积累，也就能聚集起巨大的矿藏。铁矿、锰矿、铜矿的一部分，就是在上面这种"工厂"中造成的。

工厂要生产，就得消耗原料。海水、湖水中的原料是哪里来的呢？

是水从地壳中带来的，水把石头中能够溶解的物质都溶解了，不能溶解的物质就被水冲走，直到水流的力量微弱，实在带不动了，才把它们扔下。每年全世界的河流带到海洋中的溶解物，有几十亿吨。

大量的物质被水从石头中带走了，但是有些矿物却仍然顽强地留了下来。由于许多元素都跑掉了，这些留下来的在这里所占的比例便大大提高了，以至可以当作矿产来开采。像提炼铝的铝土矿，烧瓷器用的高岭土，大都是这样生成的。

高效的"生物工厂"

在我们日常生活中，碳是最容易接触到的元素。我们吐出的每一口气中都含有碳元素。全人类每年大约有2.7亿吨碳吐到空气中。碳在我们的印象中，是地球上特别丰富的元素。最上等的无烟煤就含碳95%以上，这些煤在地下聚集成大片的煤田，一层就厚到100多米，宽广到几千千米^2。然而地壳中碳的含量只不过占到各种元素总量的0.35%。这么多的碳是怎样聚集起来的呢？

这就是另一个"工厂"所做的工作了。这个"工厂"今天还在继续不断地工作呢！它就是植物。植物的根从土壤中吸取水和溶解在水里的无机盐，植物的叶从空气中吸来二氧化碳。经过"加工"变成了脂肪、淀粉、糖，它们都是碳、氢、氧的化合物，供应着植物生长的需要。这样碳就在植物体内定居下来了。植物的尸体埋在地下经过了若干万年，变成烂糟糟的黄褐色的一团，质地疏松，常常吸收大量的水，碳的含量也就大大提高了。在植物的组织里，碳的含量通常不过占40%左右，而在这种物质中，碳的含量可以达到50%~60%，我们把它叫作泥炭。泥炭和植物原来的样子完全不同，不过在它的中间，常常还保留一些没有变化的植物纤维，从这些纤维上，我们看得出来它是由植物变来的。

又过了不知几百万年，泥炭被慢慢埋到地下去了，它受着沉重的压力，加上地球内部热力的烘烤，使得泥炭中的碳聚集得愈来愈紧密，其他的物质却逐渐跑掉了，最后它变成了乌黑发亮的石头，这就是煤。煤在地下埋藏得愈久，所含的碳就愈多，火力也就愈旺。

当你烧煤的时候，你没有想到这就是亿万年前的树木吧。煤，的确更像石头，不像树木，只有把它磨成薄片，拿到显微镜下去看，才会发现煤中含有植物的花粉孢子。细心的人还可以用肉眼找到煤层中含有树叶或树干的痕迹。

海洋的浮游生物也是聚集矿藏的"工厂"。大量的浮游生物在海湾里繁殖，其中有动物也有植物，它们和水中其他生物的尸体一股脑儿沉在海底，跟软泥混在一起。由于上面有一层静止的水，后来又盖上了泥沙，保护着这些尸体不受空气的破坏。细菌把尸体进行分解，留下碳和氢，碳和氢结合在一起，成了一个大家族，这个家族中含碳少的成为气体，就是天然气；含碳较多的成为液体，这就是石油。

神奇的地下"炼丹炉"

神话小说《西游记》里，太上老君有一只炼丹炉，可以炼出奇妙的神丹。在地壳内部也有这样的"炼丹炉"，但它炼出的不是什么"神丹"，而是宝贵的矿藏。

科学家们研究证明，在地壳中，越往下温度越高，每下降3米多，温度就要升高1摄氏度。这样算起来，在3万多米深的地壳中，就该有1000摄氏度以上，石头也会熔成液体了。然而，地壳里的压力也很大，比地面上的大气压力高3

万倍以上，强大的压力使熔融的物质不能随意流动，仍然保持着固体的状态。可是一旦地壳上发生了裂缝，或是别的什么变动使得压力减轻了，这些熔融物质马上就活动起来，向地面上冲去，这就是我们所知道的岩浆。

我们知道，岩浆是一种成分非常复杂的高热液体，里面是熔融的石头、水和各种气体。水和气体本来早该分离出来的，只是因为压力太大，才不得不和熔融的石头混在一起。

当岩浆冲出地壳来到地面时，人们就说火山喷发了。在这个时刻，岩浆中的气体和水蒸气便不再受压力的束缚，直冲向高空，看起来像一根巨大的烟柱；那些熔融的石头就在地上流动、焚烧。

火山喷出的气体中含有许多元素，可惜聚集起来的很少，大多数都散失在空中，只有硫、雄黄和雌黄（都是硫和砷的化合物）等在火山附近聚集起来，成为矿产。日本是个多火山的国家，所以硫的产量很高。

并不是所有的岩浆都能冲出地面，更多的岩浆被囚禁在地壳内，这里面活像一个"炼丹炉"。囚禁在地壳内的岩浆，要经过很久很久才能冷却下来。岩浆中差不多包含了地壳上所有的元素。由于岩浆在地下是缓慢地冷却的，所以能使元素分别聚集起来，成为矿产。

你做过这样的试验吗？把油和水装在一个杯子里，用筷子搅几下，油就成为一个个小圆球散在水里，让它静静地搁置一段时间后，因为油轻水重，油都聚集在杯子的上部，下面全是水。在地壳中也有这样的作用，一部分沉重的岩浆往下坠，这部分岩浆中铁和镁两种元素含得很多；另一部分较轻的岩浆向上部集中，这里面硅和铝很丰富。于是矿产初步的分家形成了。

由于岩浆的热量慢慢在散失，温度一点点降低，一些只有温度很高才能熔化的矿物开始分离出来凝结成固体，尽管这时温度还超过1000摄氏度。这些矿物多半是在石头中常见的石英、长石、云母这些东西，它们给我们组成了大量的石头，这些石头中最常见的一种就是花岗岩。这一段分离工作是不太叫人满意的。温度降低到700摄氏度左右时，还没有生成多少矿产，在上部的岩浆中仅仅有些磁铁矿，因为它很重，聚集在"熔炉"的底部。幸而在下部较重的岩浆中还分离出来一些钒、镍、铁、钛、铬这些有用的金属，它们和别的元素化合起来，聚成矿产。贵重的矿物金刚石和白金也是这个时期生成的。

当岩浆中大量的物质凝结出去以后，剩下的岩浆中，水汽和气体所占的比例就大大增高了，这使得残余岩浆的活动性增强。

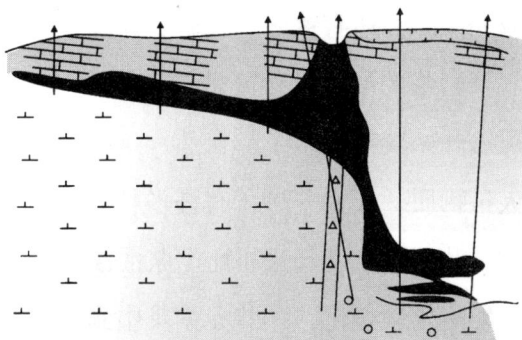

某地铁矿地质剖面图

因为水蒸气和气体在岩浆中就像孙悟空关在八卦炉中一样，一心想逃出去，它们的含量愈多，岩浆就愈不稳定。如果地壳的压力很大，水汽和气体就不容易逃走，只好留在岩浆里，这种含有大量水汽的岩浆在裂隙中冷凝下来，造成了许多形体巨大的矿物，像绿柱石、蓝宝石、水晶、黄玉……以及许多含有稀有金属的矿物。

在岩浆钻进裂隙中时，它会接触到别的石头，岩浆中的一些元素就会跑到周围的石头里去，同时石头中的一些元素还会熔进岩浆里来，生成一些新的矿物。重要的研磨材料硬度很大的刚玉就是在这种场合下形成的矿产。

有时地壳的压力不能迫使水和气体留在岩浆里，这些物质就会跑出来，一路上碰到石头的阻拦，石头中一些元素把水汽和气体中的一些元素留下来，结合成矿物。又因为愈靠近地面，温度、压力都降低了，环境起了变化，原来在气体中结合得很好的元素，比如锡和氯、氟，到这里也闹着要分手了，锡和水汽中的氧结合起来成为锡石。在气体和水汽前进过程中形成的矿产，还有铁矿、钨矿、铋矿、砷矿等。

岩浆的温度继续降低，直降到374摄氏度时，水蒸气已经可以开始凝结成水了。自然，这种水的温度很高，并且溶解了大量物质，成为一种含有许多种元素的溶液，沿着地壳中的裂隙上升，它行动起来可比岩浆活泼多啦。一路上它和碰到的石头发生化学变化，一些元素集中到石头里去，同时，石头中的元素也跑到溶液中来，在旅途中愈是上升，溶液的温度愈是降低，不断地有矿物从溶液中跑出来。最先跑出来的是锡石、钨矿、铝矿……紧接着分离出来的有金、银、铜、铅、锌、钴、镍、钙、镁等许多金属的矿物。

当温度低到175摄氏度以下时，差不多溶液中所有的矿物都分离出来了，最后一批跑出来的是水银、锑、砷、钡的矿物以及萤石、方解石、菱铁矿（铁的碳酸盐）等许多矿物。这些矿物聚集在地壳中的裂缝或是空洞里，成为重要的矿产，许多有价值的金属矿都是这样生成的。

地下"炼丹炉"成了集中地壳里的元素的"神力"，"炼丹炉"的中央冷却后就结成石头，在它的边缘和周围的石头中就生成许多矿产，并且都是有秩序地排列着。那些在高温生成的矿物一般聚集在靠近炉子的地方，那些在低温下生成的矿物是在离炉子较远的地方。

● 形形色色的地下矿藏

矿藏就是埋藏在地下的各种有用的矿物或岩石，也就是我们常说的"石头"。也可以这样讲，矿藏就是有用的石头。地球上的矿藏非常丰富，为我们人类的生产生活提供了丰厚的物质基础。

从原始社会开始，人类就开始利用石头制作简单的工具，这就是人类历史上的石器时代。以后，在人类逐渐强大的过程中，始终没有离开过"石头"。当人类知道用铜、用铁的时候，生产力就大大提高了，而铜、铁都是从矿石中提炼出来的。作为今天获得原子能的主要原料——铀，也是从矿石中得到的。

财富的象征——黄金

提起黄金大家都非常熟悉。黄金是一种金黄色的金属，硬度很低，非常容易加工，可以做成很薄很薄的金箔，技术高超的工人用50克黄金就可以打造出几平方米大小的金箔。黄金非常耐腐蚀，在空气中几乎不会氧化生锈。黄金有很好的导电性，所以在工业中有很大的用处。黄金被广泛用来制作首饰，黄金制造项链、戒指等端庄高雅，非常漂亮。因为黄金非常稀有珍贵，所以，在国际上黄金最大的用途，就是充当国际货币。不管到哪个国家，黄金都可以立即兑换成货币，或者直接购买东西。因此世界上各个国家，都储备大量的黄金。

黄金矿通常是在岩浆活动的后期凝聚形成的，它在自然界中的含量非常稀少，通常1吨矿石中只含有十几克甚至几克黄金。开采黄金的矿山要处理大量的石头才能从中选出很少的黄金来。物以稀为贵，这也是黄金珍贵的主要原因。

美丽的宝石和贵重的钻石

宝石就是天然生成的颜色美丽、晶莹透明并且异常坚硬的矿物。由于天然的宝石很少，所以宝石非常珍贵，一块好的宝石甚至价值连城。宝石中最贵重的要数钻石了。钻石也叫金刚石，是地球上最硬的东西。好的钻石无色透明，经琢磨之后折射光线可以显现出五光十色，非常美丽。天然的钻石非常稀少，而且一般颗粒很小，能够像黄豆那么大的钻石就是宝物了，能够像栗子大小的钻石就是价值连城的世界级宝贝了。

说起来你可能不相信，钻石的成分竟然和石墨一样是碳。在我们的印象当中，碳一般都是黑乎乎的东西，石墨更是松软，那么碳怎么会成为坚硬无比的钻石呢？原来这是由于原子的结合方式不同造成的。一般的碳都是6个碳原子组成一个六边形的小"桌面"，"桌面"与"桌面"之间的联系非常疏松，这样的碳当然很松软。但是，钻石是在地下很深的地方高温、高压形成的，在这种条件下形成的钻石，其内部的碳原子排列方式与石墨完全不同。钻石是由4个碳原子联成一个从哪面看都是正三角形的正四面体，这个正四面体中的碳原子同时又是另一个正四面体中的一个原子，这样环环相扣，结合得非常紧密，所以钻石非常坚硬。

巨大的能源库——煤和石油

开动机器需要能源，做饭需要能源，取暖也需要能源，不管是工农业生产还是日常生活，我们都离不开能源。煤炭和石油就是地球为我们人类提供的两大能源。

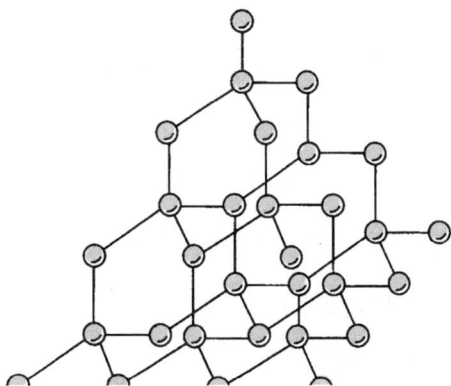

金刚石的晶体结构

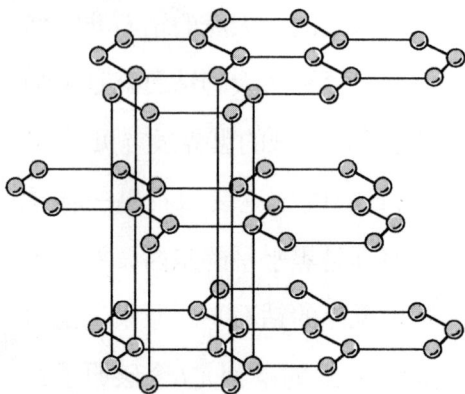

石墨的晶体结构

从前面我们就已经知道，煤炭是上亿万年前的树木森林变成的；石油和天然气是亿万年前湖泊、海洋里的生物变成的。这些东西死亡之后，它们的"身体"被泥土和沙粒掩埋起来，在地下经过亿万年的变化，就形成了煤和石油。

液体的金属——汞

金属在常温下一般都是固体，只有在高温下才会熔化成液体。像金、银、铜、铁等都是这样。但是，有一种金属在常温下却是液体的，只有在零下39摄氏度的时候才能成为固体，这就是汞，我们平常又叫水银。

汞的用处很广。汞蒸气在通电时可以发出紫外线，所以我们平常用的日光灯中都充有汞；汞受热容易膨胀，所以可以用汞制造温度计，我们平常看到的体温计里银白色的液体就是汞；有趣的是汞可以将其他金属溶解，形成的混合液体叫作汞齐。利用这个特点，古代人在为器皿镶嵌金银时，先将金银溶进汞里，形成汞齐，然后将汞齐按照花纹涂在器皿的表面，最后加热，这样汞蒸发跑掉了，金银便结结实实地留在器皿的表面了。

天然含汞的矿物是辰砂，又叫朱砂，它是在岩浆活动中形成的。因为朱砂的颜色鲜红，所以一般当作红色染料，用来制作印泥，把这种印泥印在纸上千百年都不退色。朱砂还是一种贵重的药物，常用来安神镇惊。

不怕烧的"棉花"——石棉

相传在中国古代，有一次一个大国和小国打仗，小国战败求和，大国派了使臣趾高气扬地来到小国，态度傲慢地提出了苛刻的停战条件。中间吃饭时，这些使臣们故意把洁白的桌布弄得非常肮脏。饭毕主人撤下酒席，将脏了的桌布扔进火炉中。当谈判重新开始时，只见主人将台布从火炉中拿出，抖净上面的灰烬，重新铺在案几上。令大国的使臣瞠目结舌的事情出现了：桌布不仅没有被烧坏，反而变得洁白如新。这些使臣内心非常恐惧，认为是什么神仙在暗中保佑小国，连忙改变了趾高气扬的态度，与小国签订了友好条约。你不禁要问，那块使小国免遭厄运的桌布是什么东西呢？古代人把这种布，叫作"火浣布"，意思是可以用火"洗"去脏物的布。据科学家们考证，这种令古代人迷惑不解的布，原来就是用石棉织成的石棉布。

石棉是一种矿物纤维，这种纤维最长可以达到1米，可以织成布。它除了不怕火烧之外，还有耐腐蚀、绝缘等特性。现在被广泛用于防热、防火、保温方面。例如炼钢工人和消防队员的工作服，防火板等，都是用石棉制成的。

坚硬无比的"石刀"

我们最容易想到的和注意到的，往往是那些能够得到金、银、铜、铁等金属的石头和能够做燃料的煤、石油等。可是，还有些既不能作燃料，也提炼不出金属，但却很有用的石头，它们也是重要的矿藏。

我们知道，古代原始人用石头制作简单的工具，其中有石刀、石斧等。你是否知道我们现代人仍然在制造和使用"石刀"。这种特殊的"石刀"可以代替硬质合金刀切削金属。你想想，制造这种刀的石头应该有多硬！这种石头就是玄武岩，它是在火山活动中形成的一种灰黑色的、异常坚固的石头，在1厘米^{2}的面积上经得起几千千克的压力。不过，用它来代替硬质合金刀还只是尝试。更主要的它是用在建筑工程上。玄武岩还可以在熔化后浇铸成各种各样有用的东西，比如管子、砝码等。

花样繁多的建筑材料

能够作建筑材料的石头很多，像汉白玉、花岗岩、大理岩（俗称大理石）都是其中有名的。到过北京的人都会感到：汉白玉给北京的许多名胜增添了不少景色，天安门前雄伟的华表，北海岸边美丽的石栏杆，都是汉白玉制成的。故宫、颐和园……到处都可以看到使用汉白玉的建筑物。汉白玉色白、质坚，不怕风化，是上等的建筑材料。汉白玉是什么岩石呢？它就是大理岩的一种。当大理岩的化学成分纯粹时就是白的，搀有杂质时就有了颜色。大理岩的化学成分和石灰岩一样，主要是碳酸钙。说起来，石灰岩还是大理岩的前身。大理岩是从石灰岩变来的。但是石灰岩里的碳酸钙没有结晶，在大理岩中碳酸钙则成了细粒结晶体。什么原因使得石灰岩的内部物质重新结晶呢？这主要是因为高温的作用，压力增加也有影响。哪里来的高温呢？因为岩浆的侵入。当岩浆侵入石灰岩时，在最接近岩浆的地方，不仅受到热力的烘烤，而且还受到岩浆中分离出来的气体、液体的作用。这时就不只是内部组织重新调整了，成分也因此发生了变化，变为另外一种新的岩石。

北京天安门前的人民英雄纪念碑的碑心石，是一整块花岗岩做成的。花岗岩是岩石中最坚固的一种，它不仅质地坚硬，而且不易被水溶解，不易受酸碱的侵蚀。在它的每平方厘米面积上，能抗得住2000千克以上的压力；在几十年的时间内，风化作用不能对它发生明显的影响。

花岗岩的外表还相当美观，常常呈现白、灰、黄、玫瑰等浅浅的颜色，其间点缀着黑斑，漂亮而大方。综合以上的优点，使它成为建筑石材中的上品。人民英雄纪念碑的碑心石，就是专门从山东崂山运来的一块花岗岩制成的。

花岗岩为什么会有这些特点呢？原来在组成花岗岩的矿物颗粒中，90%以上是长石、石英这两种矿物，其中又以长石为最多。长石常呈白色、灰色、肉红色，石英多为无色或灰白色，它们构成了花岗岩的基本色调。长石和石英都是坚硬的矿物，用钢刀也难划动。至于花岗岩里那些暗色的斑点，主要是黑云母，还有一些别的矿物。黑云母虽然比较软，但抵抗压力的能力也不弱，同时它在花岗岩中占的分量毕竟很少，常不到10%。这就是花岗岩生得特别坚固的物质条件。

花岗岩生得坚固的另一个原因是它的矿物颗粒彼此间都扣得很紧，是相互嵌在一起的，孔隙常占不到岩石总体积的1%。这样就使花岗岩有抵抗强大压力的能力，也不易被水分渗入。

花岗岩虽然生得特别坚固，但在阳光、空气、水和生物等的长期作用下，也会有"烂"掉的一天，你相信吗？河中的沙子很多就是它破坏后残留下来的石英颗粒，而广泛分布的黏土也有不少是花岗岩中的长石风化后的产物呢！不过这是要经过很长很长的时间，因此，就人类的时间观念来看，花岗岩是相当坚固的。例如埃及的大金字塔，外表是用花岗岩建的，距今已有几千年了，虽然已有些破坏，但和别的许多东西比起来，仍是相当耐久的了。

还有一种一层一层像板一样的石头，可以层层劈开，成为薄片，表面平滑，常带青灰色或其他颜色，用来代替屋瓦，价廉而美观。有一种石头叫蛭石，加热后体积会变大，能膨胀14~18倍；膨胀后，它轻得像软木塞一样，并且隔热、隔音、耐火、美观，是上等的建筑材料。

不怕火烧的石头

工业生产中需要许多耐高温、不怕火烧的材料，比如炼钢高炉的炉衬。石墨是重要的耐火材料，可制造冶炼金属的坩埚。同时石墨是一种鳞片状的矿物，是很好的润滑剂。涂在铸造模子的表面，可以使铸件表面光滑，模子不致烧焦。铅笔芯也是石墨制成的。耐火的石头还有菱镁矿、白云石等，都是炼钢需要的重要材料。云母也能耐高温，在1000摄氏度时不会有什么变化。因此用来镶嵌冶金炉、化学炉上的小窗，制作高温工作人员用的眼镜；但有90%是用在电气工业上，因为它有极高的绝缘性。

神奇的萤石

近年来，在宝石的行列里，出现了一种真正有价值的"宝"石，这就是萤石。萤石在过去并不被认为是很珍贵的东西，但长期以来人们都把它用来作装饰品，因为它色泽美丽，常呈较淡的黄、绿、蓝、紫以及褐、红等色，并有玻璃一样的光泽，很像水晶。当它成分纯粹不含杂质时，更和水晶相似了。但是，水晶是硅和氧的化合物，萤石是钙和氟的化合物，它们的性质是不一样的。在工业上，萤石的用途就远非水晶所能比拟。19世纪末，人们发现在炼钢时掺和了它，可以增强炉渣的流动性，并能去掉硫、磷等有害物质，特别是在碱性平炉炼钢中要用它。炼1吨钢要消耗2~4千克萤石。自从炼铝工业发达起来后，萤石的身价更高了，因为在用电解法制铝时，需要加入一种冰晶石才能促使氧化铝电解。冰晶石是铝、钠和氟的化合物，天然产出的很少，要用萤石来制造。

但是，萤石大显神通还是在近几十年。萤石中含有大量的氟。氟是一种化学活性特别强的元素，没有一种金属不能和它化合，连玻璃也能被它腐蚀。它的这种性质曾经被利用来制造玻璃器皿上的花纹。从这里可以看出，氟要比氧的活动能力强得多，氧能使铁生锈，但不能使玻璃腐蚀。科学家们设想，如果用氟来代替氧作为氧化剂，燃烧时将得到极高的温度，从理论上算出可以达到4000多摄氏度以上，因此氟成为火箭燃料的一种很理想的氧化剂。

制取氟是一件很危险的事情，因为它有剧毒和极高的腐蚀性。不过"以子之矛，攻子之盾"，对于氟来说倒很合适。不少氟的化合物都很稳定，不怕腐蚀。比如有一种叫"聚四氟乙烯"的塑料，便可以抵抗住氟的腐蚀，自然对氧、氯、酸、碱之类的作用更是不在意；它还很坚固耐热，因此被称为"塑料大王"。又如硫和氟的化合物是最稳定的气体，能耐560万伏的高电压，是最好的气体绝缘材料。

在原子能工业兴起后，氟又有了新的任务。在天然产出的铀中，只有一种原子量（相对原子质量）为235的铀才适合做原子反应堆或是原子弹的"燃料"，但是这种铀在天然铀中含量不多，要经过提炼才能将它大量聚集起来。我们利用了铀-235和氟的化合物以及其他铀和氟的化合物都有挥发性的特点，利用分馏的方法将它分开，便能得到纯度很高的铀-235。而且在铀的化合物中，只有铀和氟的化合物才有挥发性，因此氟就特别重要了。

看来，氟的利用前途还很广阔，这不过只是开始。氟在地壳中的含量并不算很少，占到万分之八，比氮的含量要多一倍。但是它很分散，因而在普通的岩石中含量极微，目前主要来源靠从萤石中取得，因此萤石一下从历史上的装饰品变成了珍贵矿物和真正的宝石，这是人的劳动赋予了它珍贵的价值。

● 沉睡了亿万年的稀世奇珍

用"聚宝盆"来形容海洋资源是再确切不过的了。单就它的矿藏来说，其种类之繁多，含量之丰富，令人咋舌。在地球上已发现的百余种元素中，有80余种在海洋中存在，其中可提取的有60余种，这些丰富的矿产以不同的形式存在于海洋中：海水中的"液体矿床"；海底富集的固体矿床；海底内部的油气资源。

海水中最普通的盐，即氯化钠，是人类最早从海水中提出的矿物质之一。另外还有一种镁盐，它们是造成海水又咸又苦的主要原因。除了这两种盐外，还有钾盐、碘、溴等几十种稀有元素及硼、铷、钡等，它们一般在陆地上比较少，而且分布较分散，但又极具价值，对人类用处很大。

据估计海水中含有的黄金可达550万吨，银5500万吨，钡27亿吨，铀40亿吨，锌70亿吨，钼137亿吨，锂2470亿吨，钙560万亿吨，镁1767万亿吨等。这些东西，大都是国防、工农业生产及生活的必需品。例如镁是制造飞机快艇的材料，又可以做火箭的燃料及照明弹等，是金属中的"后起之秀"，世界上目前有一半以上的镁来自海水。

海水是宝，海洋矿砂也是宝。海洋矿砂主要有滨海矿砂和浅海矿砂。它们都是在水深不超过几十米的海滩和浅海中的由矿物富集而具有工业价值的矿砂，是开采最方便的矿藏。从这些砂子中，可以淘出黄金，而且还能淘出比金子更有价值的金刚石、石英、钻石、独居石、钛铁矿、磷钇矿、金红石、磁铁矿等，所以海洋矿砂成为增加矿产储量的最大的潜在资源之一，愈来愈受到人们的重视。

这种矿砂主要分布在浅海部分，而在那深海底处，更有着许多令人惊喜的发现：多金属结核锰结核就是其中最有经济价值的一种。100多年前，英国的一艘海洋调查船，从很深的海底捞上来一些黑不溜秋的像土豆一样大小的东西，当时船员以为这不过是海底的"泥疙瘩"，没把它放在眼里。最近几十年，科学家们经过研究发现，这些海底的"黑土豆"可不得了，它是一种海底沉积物，是在千万年岁月中聚集起来的宝贝。这种海底"黑土豆"中含有锰、铜、铁、钴、钛、钼等30多种金属，科学家们为它起了一个好听的名字"锰结核"。

科学家们发现，在地球各个大洋的底下，都散布着这种锰结核，总重量估计有3万亿吨。如果把这些锰结核里的金属都冶炼出来，铜可以供人类用600年，镍可以用15 000年，锰可以用24 000年，而钴可以满足人类13万年的需要。更有趣的是，海底的锰结核还在不断生长，每年可以增长1000万吨，这比目前人类每年消耗的金属还要多。因此，只要开采得当，这些海底的"黑土豆"就可能成为人类一种取之不尽，用之不竭的金属"宝库"。

近年来，科学家们在大洋底发现了33处由海底热液成矿作用形成的块状硫化物多金属软泥及沉积物。这种沉积物主要形成于洋中脊，海底裂谷带中，热液通过热泉、间歇泉或喷气孔从海底排出，遇水变冷，加上周围环境及酸碱度变化，使金属硫化物和铁锰氧化物沉淀，形成块状物质，堆积成矿丘。有的像烟筒，有的像土堆，有的像地毯状从数吨到数千吨不等，是又一项极有开发前途的大洋矿藏。

● 油田向大洋延伸

石油和天然气是遍及世界各大洲大陆架的矿产资源。石油可以说是海洋矿产资源中的"宠儿"，又被称为"黑色的金子"。埋藏在海洋中的石油和天然气，要比陆地上多得多。科学家们估计，单是在靠近陆地的浅海下，就埋藏了近3000亿吨的石油。而人类从认识石油至今，也不过开采了600多亿吨。据报道，目前，全世界海上石油已探明储量达2.970×10^{10}吨，海上天然气已探明储量达1.909×10^{13}米^3。油气加在一起的价值占了海洋中已知矿产物总产值的70%以上。

石油是"工业的血液"，然而目前全世界已开采石油640亿吨，石油的枯竭在所难免，从海湾战争可以看出石油的价值所在。所以，人们转而求助的就是海洋石油资源。天然气是一种无色无味的气体，又称为沼气，成分主要是甲烷，由于含碳量极高，所以极易燃烧，放出大量热量。1000米^{3}天然气的热量，可相当于两吨半煤燃烧放出的热量。因此，天然气的价值在海洋中仅次于石油而位居第二。

当人们想到能源时，脑海中总是出现燃烧和火焰，而把冰块看作是与此风马牛不相及的事。但是，科学家们今天却发现了在特定的高压和低温条件下形成并稳定存在，广泛发育在浅海底层沉积物和深海大陆斜坡沉积地层以及高纬度极地地区永久冻土层中天然气水合物。这是一种似冰状的白色固体物质，因含有大量甲烷而可燃，因此，也被称为"可燃冰"。科学家们测算，1米^{3}的天然气水合物，在常温常压下，可以释放出164米^{3}的甲烷气体和0.8米^{3}的淡水。甲烷是人们可以用来燃烧发电的可燃性气体，而且燃烧后几乎不产生任何污染物质。据科学家们估算，可燃冰的含碳量高达煤炭、石油和常规天然气含碳量的2倍，将成为21世纪极具潜力的能源。

● 向海洋寻找核能源

大海中不仅有丰富的石油、天然气等矿物能源，还有丰富的核燃料。就今日而言，人类利用核能的技术，主要有重元素裂变和轻元素聚变两种。实现重元素（例如铀-235）受控裂变，已经进入了实用阶段。其基本原理是采用人工的方法轰击铀-235的原子核使之分裂，获取其释放的巨大能量。1克铀-235释放的能量相当于2.5吨优质煤或1吨石油完全燃烧所释放的能量。为此，前苏联早在1950年就建立了世界上第一座利用铀-235的核电站。目前，世界上已有几十个国家建成这种类型的核电站600余座，其中包括我国1991年底建成的秦山核电站和1994年初建成的大亚湾核电站。全世界的核电站发电量已占世界总发电量的30%。

随着原子裂变核电站的发展，世界各国对核燃料铀的需求猛增。但是，铀这种核燃料物质在陆地上的储藏量并不丰富，据科学家们估计，适合开采的储量只有100余万吨，即使将低品位的铀矿及其副产品铀化物一并计算在内，也不会超过500万吨，按目前的消耗量仅够人类使用几十年。但是，在浩瀚的海水中，却恰恰溶解有超过陆地储量几千万倍的铀，但其分布情况却远不如陆地上那样集中，1000吨海水中只含有3克铀。因此，怎样把海水中的铀提取出来，成了限制人类更广泛地使用铀的瓶颈。

今天，科学家们通过研究虽然找到了吸附法、气泡分离法、藻类生物浓缩法等多种提取办法，但由于从海水中提取铀需要处理大量的海水，这在技术上是一件非常复杂的事情，这些方法都难以使用。但是，可以预料，随着科学技术的发展，简易可行的从海水中提取铀矿的方法一定能够找到，到那时人类广泛使用海水中铀能的时代便会到来。

那么，实现轻元素受控的聚变又会是什么情况呢？核聚变就是让氘和氚这两种氢的同位素，在一定的条件下发生碰撞聚变成为氦元素，同时将蕴藏于其中的巨大能量释放出来。根据计算，1克氘聚变时释放出的能量大约相当于4克铀-235裂变时释放的能量。今天，不可控的核聚变反应已经变为现实，氢弹的爆炸便是以此原理制造的。但是，你可能不会想象到，制造氢弹的核燃料氘和氚正是蕴藏在无垠的海水之中。

首先，我们知道水是由水分子构成的，每个水分子都是由两个氢原子和一个氧原子构成的。如果我们将水中的氢和氧分离制造氢气，这种氢气燃烧便是很好的能源，而且其燃烧时产生的热量很高。氢气在空气中燃烧可以产生1000摄氏度左右的高温，而氢气在氧气中燃烧则可以产生2800摄氏度的高温。同等质量的氢气比汽油产生的能量大得多，一般是汽油的3~4倍。如果把氢气置于零下240摄氏度以下，再经过加压，氢气就会变成易于储藏的液态氢，这种液态氢是供给火箭、汽车、飞机极佳的燃料。因而，偌大的海洋以及陆地上的淡水、冰雪都可以成为人类的能源宝库。

● 永不枯竭的"再生性能源"

浩瀚的大海，不仅蕴藏着丰富的矿产资源，更有真正意义上取之不尽，用之不竭的海洋能源。这种能源既不同于海底所储存的煤、石油、天然气等海底能源资源，也不同于溶于水中的铀、镁、锂、重水等化学能源资源。它有自己独特的方式与形态，这就是用潮汐、波浪、海流、温度差、盐度差等方式表达的动能、势能、热能、物理能、化学能等能源。直接地说就是潮汐能、波浪能、海流能、海水温差能及盐度差能等。这是一种"再生性能源"，永远不会枯竭，也不会造成任何污染。

潮汐能就是潮汐运动时产生的能量，它是人类利用最早的海洋动力资源。中国在唐朝时沿海地区就出现了利用潮汐来推磨的小作坊。后来，到了11~12世纪，法、英等国也出现了潮汐磨坊。到了20世纪，潮汐能的魅力达到了高峰，人们开始懂得利用海水上涨下落的潮差能来发电。据估计，全世界的海洋潮汐能有20亿多千瓦，每年可发电12 400万亿度。

今天，世界上第一个也是最大的潮汐发电厂就处于法国的英吉利海峡的朗斯河河口，年供电量达5.44亿度。一些专家断言，未来无污染的廉价能源是永恒的潮汐。而另一些专家则着眼于普遍存在的、浮泛在全球潮汐之上的波浪。

波浪能主要是由风的作用引起的海水沿水平方向周期性运动而产生的能量。

波浪能是巨大的，一个巨浪就可以把13吨重的岩石抛出20米高。一个波高5米，波长100米的海浪，在一米长的波峰片上就具有3120千瓦的能量，由此可以想象整个海洋的波浪所具有的能量该是多么惊人。据计算，全球海洋的波浪能达700亿千瓦，可供开发利用的为20亿~30亿千瓦，每年发电量可达9万亿度。

除了潮汐与波浪，海流也可以做出贡献。由于海流遍布世界各大洋，纵横交错，川流不息，所以它们蕴藏的能量也是可观的。例如世界上最大的暖流——墨西哥洋流，在流经北欧时为1千米长海岸线上提供的热量大约相当于燃烧600吨煤的热量。据估算，世界上可利用的海流能约为0.5亿千瓦，而且利用海流发电并不复杂。因此，要海流做出贡献还是有利可图的事业，当然也是冒险的事业。

把温度的差异作为海洋能源的想法倒是很奇妙。这就是海洋温差能，又叫海洋热能。由于海水是一种热容量很大的物质，海洋的体积又如此之大，所以海水容纳的热量是巨大的。这些热能主要来自太阳辐射，另外还有地球内部向海水放出的热量；海水中放射性物质的放热；海流摩擦产生的热，以及其他天体的辐射能。但其中99.99%的能量来自太阳辐射。因此，海水热能随着海域位置的不同而差别较大。海洋热能是电能的来源之一，可转换为电能的为20亿千瓦。但1881年法国科学家德尔松石首次大胆提出海水发电的设想竟被埋没了近半个世纪，直到1926年，他的学生克劳德才实现了老师的夙愿。

此外，在江河入海口，淡水与海水之间还存在着鲜为人知的盐度差能。全世界可利用的盐度差能约26亿千瓦，其能量甚至比温差能还要大。盐差能发电原理实际上是利用浓溶液扩散到稀溶液中释放出的能量。

由此可见，海洋中蕴藏着巨大的能量，只要海水不枯竭，其能量就生生不息。作为新能源，海洋能源已吸引了越来越多的人们的兴趣。